高职高专院校“十二五”精品示范系列教材（软件技术专业群）

Java 程序设计

主　编　吕　争　武俊琢

副主编　马元林　王　敬　宋丽萍　陈凤萍

参　编　林莉芸　王飞戈　李　乐　杨　毅

内 容 提 要

Java 作为一种优秀的编程语言，具有面向对象、平台无关、安全、稳定和多线程等特点，不仅适于开发大型的应用程序，而且特别适合于在 Internet 上应用开发。

本书以项目为载体，注重可读性和实用性。全书共 8 个项目，分别介绍了 Java 的基本数据类型、语句、类、对象、内部类、异常处理、字符串、实用类、AWT 组件、多线程、输入输出流、网络编程基础等内容。

本书可作为高职院校计算机专业“Java 程序设计”课程的教材，也可供程序设计爱好者学习参考。

本书提供案例源代码和电子教案，读者可以从中国水利水电出版社网站和万水书苑网站下载，网址为：http://www.waterpub.com.cn/softdown/和 http://www.wsbookshow.com。

图书在版编目（CIP）数据

Java程序设计 / 吕争，武俊琢主编. -- 北京 : 中国水利水电出版社，2014.7

高职高专院校“十二五”精品示范系列教材. 软件技术专业群

ISBN 978-7-5170-2120-9

Ⅰ. ①J… Ⅱ. ①吕… ②武… Ⅲ. ①JAVA语言－程序设计－高等职业教育－教材 Ⅳ. ①TP312

中国版本图书馆CIP数据核字(2014)第123240号

策划编辑：祝智敏　责任编辑：李　炎　加工编辑：李　冰　封面设计：李　佳

书　名	高职高专院校“十二五”精品示范系列教材（软件技术专业群） **Java 程序设计**
作　者	主　编　吕　争　武俊琢 副主编　马元林　王　敬　宋丽萍　陈凤萍
出版发行	中国水利水电出版社 （北京市海淀区玉渊潭南路 1 号 D 座　100038） 网址：www.waterpub.com.cn E-mail：mchannel@263.net（万水） sales@waterpub.com.cn 电话：（010）68367658（发行部）、82562819（万水）
经　售	北京科水图书销售中心（零售） 电话：（010）88383994、63202643、68545874 全国各地新华书店和相关出版物销售网点
排　版	北京万水电子信息有限公司
印　刷	北京市泽宇印刷有限公司
规　格	184mm×240mm　16 开本　13 印张　290 千字
版　次	2014 年 7 月第 1 版　2014 年 7 月第 1 次印刷
印　数	0001—3000 册
定　价	28.00 元

I

序

为贯彻落实全国教育工作会议精神和《国家中长期教育改革和发展规划纲要（2010—2020年）》和《关于“十二五”职业教育教材建设的若干意见》（教职成〔2012〕9号）文件精神，充分发挥教材建设在提高人才培养质量中的基础性作用，促进现代职业教育体系建设，全面提高职业教育教学质量，中国水利水电出版社在集合大批专家团队、一线教师和技术人员的基础上，组织出版“高职高专院校‘十二五’精品示范系列教材（软件技术专业群）”职业教育系列教材。

在高职示范校建设初期，教育部就曾提出：“形成500个以重点建设专业为龙头、相关专业为支撑的重点建设专业群，提高示范院校对经济社会发展的服务能力。”专业群建设一度成为示范性院校建设的重点，是学校整体水平和基本特色的集中体现，是学校发展的长期战略任务。专业群建设要以提高人才培养质量为目标，以一个或若干个重点建设专业为龙头，以人才培养模式构建、实训基地建设、教师团队建设、教学资源库建设为重点，积极探索工学结合教学模式。本系列教材正是配合专业群建设的开展推出，围绕软件技术这一核心专业，辐射学科基础相同的软件测试、移动互联应用和软件服务外包等专业，有利于学校创建共享型教学资源库、培养“双师型”教师团队、建设开放共享的实验实训环境。

此次精品示范系列教材的编写工作力求：集中整合专业群框架，优化体系结构；完善编者结构和组织方式，提升教材质量；项目任务驱动，内容结构创新；丰富配套资源，先进性、立体化和信息化并重。本系列教材的建设，有如下几个突出特点：

（1）集中整合专业群框架，优化体系结构。联合河南省高校计算机教育研究会高职教育专委会及二十余所高职院校专业教师共同研讨、制定专业群的体系框架。围绕软件技术专业，囊括具有相同的工程对象和相近的技术领域的软件测试、移动互联应用和软件服务外包等专业，采用“平台+模块”式的模式，构建专业群建设的课程体系。将各专业共性的专业基础课作为“平台”，各专业的核心专业技术课作为独立的“模块”。统一规划的优势在于，既能规避专业内多门课程中存在重复或遗漏知识点的问题；又能在同类专业间优化资源配置。

（2）专家名师带头，教产结合典范。课程教材研究专家和编者主要来自于软件技术教学领域的专家、教学名师、专业带头人，以最新的教学改革成果为基础，与企业技术人员合作共同设计课程，采用跨区域、跨学校联合的形式编写教材。编者队伍对教育部倡导的职业教育教学改革精神理解的透彻准确，并且具有多年的教育教学经验及教产结合经验，准确地对相关专业的知识点和技能点进行横向与纵向设计、把握创新型教材的定位。

（3）项目任务驱动，内容结构创新。软件技术专业群的课程设置以国家职业标准为基础，以软件技术行业工作岗位群中的典型事例提炼学习任务，体现重点突出、实用为主、够用为度的原则，采用项目驱动的教学方式。项目实例典型、应用范围较广，体现技能训练的针对性，突出实用性，体现“学中做”、“做中学”，加强理论与实践的有机融合；文字叙述浅显易懂，增强了教学过程的互动性与趣味性，相应的提升教学效果。

（4）资源优化配套，立体化信息化并重。每本教材编写出版的同时，都配套制作电子教案；大部分教材还相继推出补充性的教辅资料，包括专业设计、案例素材、项目仿真平台、模拟软件、拓展任务与习题集参考答案。这些动态、共享的教学资源都可以从中国水利水电出版社的网站上免费下载，为教师备课、教学以及学生自学提供更多更好的支持。

教材建设是提高职业教育人才培养质量的关键环节，本系列教材是近年来各位作者及所在学校、教学改革和科研成果的结晶，相信它的推出将对推动我国高职电子信息类软件技术专业群的课程改革和人才培养发挥积极的作用。我们感谢各位编者为教材的出版所作出的贡献，也感谢中国水利水电出版社为策划、编审所作出的努力！最后，由于该系列教材覆盖面广，在组织编写的过程中难免有不妥之处，恳请广大读者多提宝贵建议，使其不断完善。

教材编审委员会

2013 年 12 月

II

前　言

Java作为一种优秀的编程语言，具有面向对象、平台无关、安全、稳定和多线程等特点，不仅适于开发大型的应用程序，而且特别适合于在Internet上应用开发，Java已成为网络时代最重要的编程语言之一。

本书以项目为载体，注重可读性和实用性，项目一至项目四是对Java语言基本语法的讲解，项目五至项目八是通过四个具体的项目，介绍Java中一些具体的类和对象的使用和功能，使读者能更好地掌握Java的编程技巧。

全书共八个项目，分别介绍了Java的基本数据类型、语句、类、对象、内部类、异常处理、字符串、实用类、AWT组件、多线程、输入输出流、网络编程基础等内容。

本书的内容设置以就业为导向，根据当前企业中工作岗位的实际需求，培养具有良好的职业道德、紧跟世界前沿技术、熟悉软件开发流程、掌握国际主流软件开发平台和程序设计语言，具备一定的创新能力和较强的动手能力，能熟练进行软件开发、测试与维护，真正符合软件企业需求的软件开发及应用人才。书中选择了实际工作中常用的实用技术，贴近企业实际需要的案例，逐层深入；并以案例为主线来组织本门课程内容，并将多个小案例分散到每章课程中。

本书由吕争、武俊琢任主编，马元林、王敬、宋丽萍、陈凤萍任副主编。参加本书编写工作的还有林莉芸、王飞戈、李乐、杨毅等，他们都是多年从事Java教学的一线教师，在全书内容编排、案例选取、文叙风格、难易程度的把握上，提出了非常宝贵的意见。

本书编写过程中参考了大量国内外计算机网络文献资料，课程建设团队进行了广泛调研，合作企业也派出一线项目研发人员全程参与课程内容制定。

本书适合理工类大学、高职高专院校计算机专业学生学习，也适合对Java感兴趣的读者自学，并且可供计算机工作者，工程技术人员参考。

III

目　录

1

初识 Java

Java 是一种简单的、面向对象的、分布式的、解释型的、健壮安全的、可移植的、性能优异的、多线程的动态语言。Java 的诞生是对传统计算机模式的挑战，对计算机软件开发和软件产业都产生了深远的影响。

本项目主要介绍 Java 程序设计语言和 Java 平台、JDK 的下载和安装、Java 应用程序的编写、编译和运行过程相关知识内容。

- 理解什么是程序
- 了解 Java 的技术内容
- 会使用记事本开发简单 Java 程序
- 会使用输出语句在控制台输出信息
- 熟悉 Eclipse 开发环境

任务 1　初识程序

什么是程序呢？事实上，程序一词源于生活，通常指完成某些事务的一种既定方式和过程。下面让我们一起看一看生活中的“取钱”程序。如何“取钱”呢？我们需要完成以下几步。

（1）带上存折/储蓄卡去银行。

（2）取号排队。

（3）将存折或储蓄卡递给银行职员并告知取款数额。

（4）输入取款密码。

（5）银行职员办理取款事宜。

（6）拿到钱。

（7）离开银行。

简单地说，程序可以看作是对一系列动作的执行过程的描述。刚才我们描述的是一个形式非常简单的程序，实际上这个过程也可能变得复杂。例如，轮到你取款时发现带的是一张错误的储蓄卡，就要回家取卡，再次排队，这样就出现了重复性动作，步骤也会相应增加。

那么，计算机程序到底是什么？计算机里的程序和日常生活中的程序很相似！

我们使用计算机，就是要利用计算机处理各种不同的问题。但是，计算机不会自己思考，它是人类手中的木偶啊，因此我们要明确告诉它做什么工作以及做哪几步才能完成这个工作。试想一下，计算机程序执行的整个过程是怎样的呢？计算机完成一件我们分配给它的任务，就像“取钱”这件工作，它按照我们的命令去做，我们说“立正”，它不能“稍息”，这样在我们的支配下完成预定工作。这里，我们所下达的每一个命令称为指令，它对应着计算机执行的一个基本动作。我们告诉计算机按照某种顺序完成一系列指令，这一系列指令的集合称为程序。

如何编制程序呢？这就需要一个工具——编程语言。人类交流有自己的语言，那么人与计算机对话就要使用计算机语言，这样你表达的想法、下达的指令计算机才能够明白。如何用语言表达指令呢？全世界各个国家都有自己的语言，因此要表达“谢谢”，你就能看到上百种表示方式，例如：

中文：谢谢

英文：Thanks

德文：Danke schon

同样地，计算机语言也有很多种，它们都有自己的语法规则。我们可以选用其中一种来描述我们的程序，传达给计算机。例如，用 Java 语言描述的程序称为 Java 程序。计算机阅读我们给它的程序，也就是阅读指令集，然后按部就班地严格执行。通常来讲，我们编制程序时选用的语言是有利于人类读写的语言，俗称高级语言，但是计算机仅仅明白 0 和 1 代码组成的低级语言（即二进制形式的机器语言程序），中间需要一个翻译官进行语言转换。不用担心，开发高级语言的工程师们已经为我们准备好了翻译官，我们学好高级语言就可以了。

任务 2　了解 Java

Java 是著名的 Sun Microsystems 公司于 1995 年 5 月推出的高级编程语言，别看它只有十几岁，它的本事可多着呢！Java 技术可以应用在几乎所有类型和规模的设备上，小到计算机芯片、蜂窝电话，大到超级计算机，无所不在。

在当前的软件开发行业中，Java 已经成为了绝对的主流，Java 领域的 JavaSE、JavaEE 技术已发展成为同微软公司的 C#和.NET 技术平分天下的应用软件开发技术和平台。因此，有人说掌握了 Java 语言就号准了软件开发的主脉。

1.2.1 Java 语言简介

Java 语言诞生于 1991 年，起初被称为 OAK 语言，是 Sun 公司为一些消费性电子产品而设计的一个通用环境。最初的目的只是为了开发一种独立于平台的软件技术，而且在网络出现之前，OAK 可以说是默默无闻，甚至差点夭折。但是，网络的出现改变了 OAK 的命运。

在 Java 出现以前，Internet 上的信息内容都是一些乏味死板的 HTML 文档。这对于那些迷恋于 Web 浏览的人们来说简直不可容忍。他们迫切希望能在 WEB 中看到一些交互式的内容，开发人员也极希望能够在 Web 上创建一类无需考虑软硬件平台就可以执行的应用程序，当然这些程序还要有极大的安全保障。对于用户的这种要求，传统的编程语言显得无能为力，而 Sun 的工程师敏锐地察觉到了这一点，从 1994 年起，他们开始将 OAK 技术应用于 WEB 上，并且开发出了 HotJava 的第一个版本。

Java 的开发环境有不同的版本，如 Sun 公司的 Java Development Kit，简称 JDK。后来微软公司也推出了支持 Java 规范的 Microsoft Visual J++ Java 开发环境，简称 VJ++。

Java 语言的特点主要表现在以下几个方面：

（1）Java 语言是简单的。Java 语言的语法与 C 语言和 C++语言很接近，使得大多数程序员很容易学习和使用。另一方面，Java 丢弃了 C++中很少使用的、很难理解的、令人迷惑的那些特性，如操作符重载、多继承、自动的强制类型转换。特别地，Java 语言不使用指针，并提供了自动的垃圾收集，使得程序员不必为内存管理而担忧。

（2）Java 语言是面向对象的。Java 语言提供类、接口和继承等原语，为了简单起见，只支持类之间的单继承，但支持接口之间的多继承，并支持类与接口之间的实现机制（关键字为 implements）。Java 语言全面支持动态绑定，而 C++语言只对虚函数使用动态绑定。总之，Java 语言是一种面向对象的程序设计语言。

（3）Java 语言是分布式的。Java 语言支持 Internet 应用的开发，在基本的 Java 应用编程接口中有一个网络应用编程接口（java net），它提供了用于网络应用编程的类库，包括 URL、URLConnection、Socket、ServerSocket 等。Java 的 RMI（远程方法激活）机制也是开发分布式应用的重要手段。

（4）Java 语言是健壮的。Java 的强类型机制、异常处理、废料的自动收集等是 Java 程序健壮性的重要保证；对指针的丢弃是 Java 的明智选择；Java 的安全检查机制使得 Java 更具健壮性。

（5）Java 语言是安全的。Java 通常被用在网络环境中，为此，Java 提供了一个安全机制以防恶意代码的攻击。除了 Java 语言具有的许多安全特性以外，Java 对通过网络下载的类具有一个安全防范机制（类 ClassLoader），如分配不同的名字空间以防替代本地的同名类、字节代码检查，并提供安全管理机制（类 SecurityManager）为 Java 应用设置安全哨兵。

（6）Java 语言是可移植的。这种可移植性来源于体系结构的中立性，另外，Java 还严格规定了各个基本数据类型的长度。Java 系统本身也具有很强的可移植性，Java 编译器是用 Java 实现的，Java 的运行环境是用 ANSI C 实现的。

（7）Java 语言是解释型的。如前所述，Java 程序在 Java 平台上被编译为字节码格式，然后可以在实现这个 Java 平台的任何系统中运行。在运行时，Java 平台中的 Java 解释器对这些字节码进行解释执行，执行过程中需要的类在连接阶段被载入到运行环境中。

（8）Java 是高性能的。与那些解释型的高级脚本语言相比，Java 的确是高性能的。事实上，Java 的运行速度随着 JIT（Just-In-Time）编译器技术的发展越来越接近于 C++。

（9）Java 语言是多线程的。在 Java 语言中，线程是一种特殊的对象，它必须由 Thread 类或其子（孙）类来创建。通常有两种方法来创建线程：其一，使用 Thread（Runnable）的构造子类将一个实现了 Runnable 接口的对象包装成一个线程；其二，从 Thread 类派生出子类并重写 run 方法，使用该子类创建的对象即为线程。值得注意的是 Thread 类已经实现了 Runnable 接口，因此，任何一个线程均有它的 run 方法，而 run 方法中包含了线程所要运行的代码。线程的活动由一组方法来控制。Java 语言支持多个线程的同时执行，并提供多线程之间的同步机制（关键字为 synchronized）。

（10）Java 语言是动态的。Java 语言的设计目标之一是适应于动态变化的环境。Java 程序需要的类能够动态地被载入到运行环境，也可以通过网络来载入所需要的类。这也有利于软件的升级。另外，Java 中的类有一个运行时刻的表示，能进行运行时刻的类型检查。

Java 语言的优良特性使得 Java 应用具有无比的健壮性和可靠性，这也减少了应用系统的维护费用。Java 对对象技术的全面支持和 Java 平台内嵌的 API 能缩短应用系统的开发时间并降低成本。Java 的“编译一次，到处可运行”的特性使得它能够提供一个随处可用的开放结构和在多平台之间传递信息的低成本方式。特别是 Java 企业应用编程接口（Java Enterprise APIs）为企业计算及电子商务应用系统提供了相关技术和丰富的类库。

1.2.2 Java 平台简介

Java 平台由 Java 虚拟机（Java Virtual Machine）和 Java 应用编程接口（Application Programming Interface，API）构成。Java 应用编程接口为 Java 应用提供了一个独立于操作系统的标准接口，可分为基本部分和扩展部分。在硬件或操作系统平台上安装一个 Java 平台之后，Java 应用程序就可运行。现在，Java 平台已经嵌入了几乎所有的操作系统。这样 Java 程序只需编译一次，就可以在各种系统中运行。Java 应用编程接口已经从 1.1x 版发展到 1.2 版。目前常用的 Java 平台基于 Java1.6，最近版本为 Java1.7。

Java 平台分为三个体系 Java SE（Java 2 Platform Standard Edition，Java 平台标准版），Java EE（Java 2 Platform Enterprise Edition，Java 平台企业版），Java ME（Java 2 Platform Micro

Edition，Java 平台微型版）。

1. Java SE

Java SE 以前称为 J2SE。它允许开发和部署在桌面、服务器、嵌入式环境和实时环境中使用的 Java 应用程序。Java SE 包含了支持 Java Web 服务开发的类，并为 Java EE 提供基础。

2. Java EE

Java EE 以前称为 J2EE。企业版帮助开发和部署可移植、健壮、可伸缩且安全的服务器端 Java 应用程序。Java EE 是在 Java SE 的基础上构建的，它提供 Web 服务、组件模型、管理和通信 API，可以用来实现企业级的面向服务体系结构（Service-Oriented Architecture，SOA）和 Web 2.0 应用程序。

3．Java ME

Java ME 以前称为 J2ME。Java ME 为在移动设备和嵌入式设备（如手机、PDA、电视机顶盒和打印机）上运行的应用程序提供了一个健壮且灵活的环境。Java ME 包括灵活的用户界面、健壮的安全模型、许多内置的网络协议以及对可以动态下载的连网和离线应用程序的丰富支持。基于 Java ME 规范的应用程序只需编写一次，就可以用于许多设备，而且可以利用每个设备的本机功能。

Java 平台主要是由一个 compiler（编译器）、一个运行时环境（runtime environment）和一个核心的 API 组成。

JVM（Java 虚拟机）：Java 程序并不是直接在本地机器的操作系统上执行，而是通过 JVM 解释成本地的机器语言，其优点是可以保证 Java 代码在 Windows、Linux、Solaris 等操作系统上的移植性，其代价是执行速度比 C 代码要慢。考虑到软件越来越庞大，而计算机硬件性能越来越快，而且 WEB 应用的发展神速，其代价还是可接受的。

JDK（Java Development Kit）：Java 平台开发包；J2SDK（Java 2 Software Development Kit）：Java 2 平台开发包。目前普遍采用 J2SDK。

JRE（Java Runtime Environment）：Java 运行时环境，一般情况下已集成到 J2SDK 中，但如果用户只是执行 Java 程序，而不进行 Java 代码的开发，则只需安装 JRE。

任务 3 配置 Java 运行环境

1.3.1 JDK 简介

JDK（Java Development Kit）是 Sun Microsystems 公司针对 Java 开发员的产品。自从 Java 推出以来，JDK 已经成为使用最广泛的 Java SDK。JDK 是整个 Java 的核心，包括了 Java 运行时环境、Java 工具和 Java 基础的类库。学好 JDK 是学好 Java 的第一步，而专门运行在 x86 平台的 JRocket 在服务端运行效率也要比 Sun JDK 好很多。从 SUN 的 JDK5.0 开始，提供了泛型等非常实用的功能，其版本也在不断更新，运行效率得到了非常大的提高。

JDK 主要包括以下几部分：

Java 虚拟机程序：负责解析和运行 Java 程序。在各种操作系统平台上都有相应的 Java 虚拟机程序。在 Windows 操作系统中，该程序的文件名为 java.exe。

Java 编译器程序：负责编译 Java 源程序。在 Windows 操作系统中，该程序的文件名为 javac.exe。

JDK 类库：提供了最基础的 Java 类及各种实用类。java.lang、java.io、java.util、java.awt 和 javax.swing 包中的类都位于 JDK 类库中。

假定 JDK 安装到本地的根目录 D:\jdk，则在 D:\jdk\bin 目录下有一个 java.exe 和 javac.exe 文件，它们分别为 Java 虚拟机程序和 Java 编译器程序。

1.3.2 JDK 下载和安装（版本 1.6）

JDK 是 Java Development Kit（Java 开发工具包）的缩写，由 Sun 公司提供。它为 Java 程序提供了基本的开发和运行环境。JDK 还可以称为 JavaSE（Java Standard Edition，Java 标准开发环境）。

1. JDK 的下载

目前常用的 Java 平台是 Java1.6 版本。JDK1.6 的官方下载地址为：http://java.sun.com/javase/downloads/index.jsp，打开链接显示页面，如图 1-1 所示。

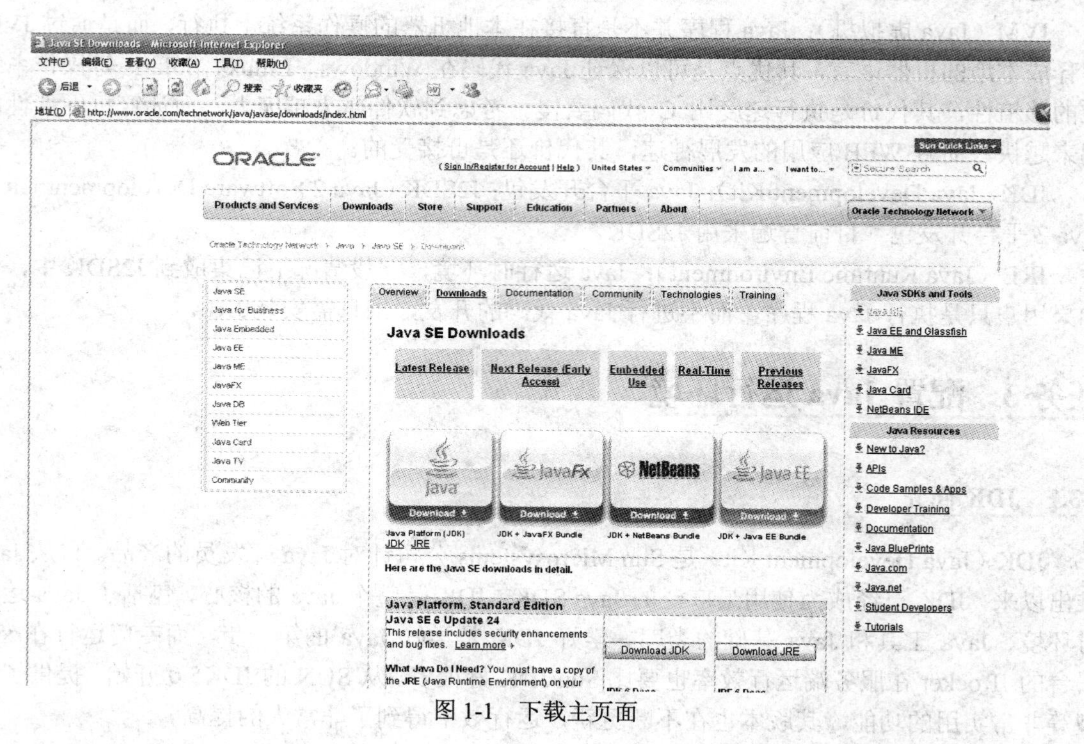

图 1-1　下载主页面

单击 Java 图标或图标下方的 JDK 即可进入下载选择页面，如图 1-2 所示。

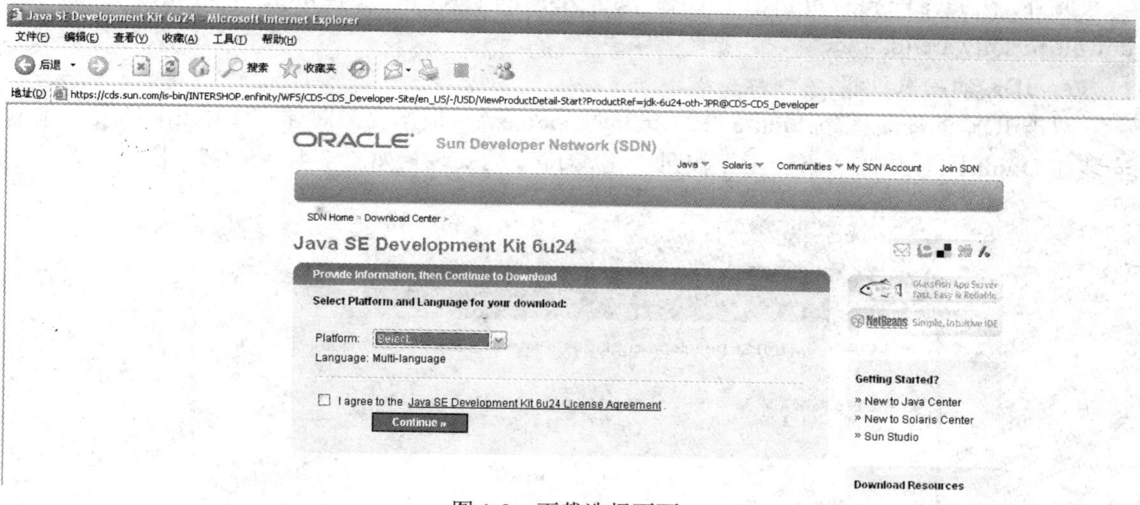

图 1-2　下载选择页面

首先，在 Platform 下拉列表框中选择操作系统版本：Windows；然后选中“I agree to the Java SE Development Kit 6u24 License Agreement”复选框；最后单击 Continue 按钮，进入下载页面，如图 1-3 所示。

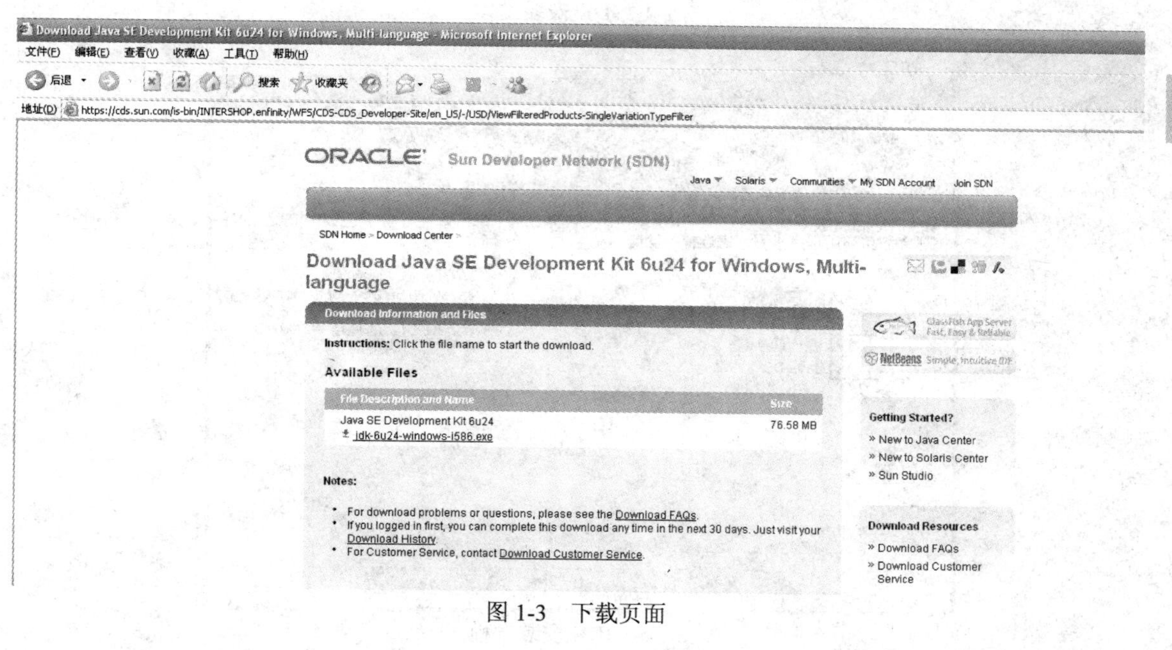

图 1-3　下载页面

单击 jdk-6u24-windows-i586.exe即可免费下载 JDK1.6 版本。

此外，在 JavaThinker.org 网站上也提供了 JDK 的下载，网址为：http://www.javathinker.org/download/software/jdk.rar。

2. JDK 的安装过程

双击 JDK 的安装程序：jdk-6u24-windows-i586.exe，根据安装向导，选择安装路径，本例安装在 D:\jdk1.6，单击“下一步”按钮，完成 JDK 的安装。如图 1-4、图 1-5、图 1-6 所示。

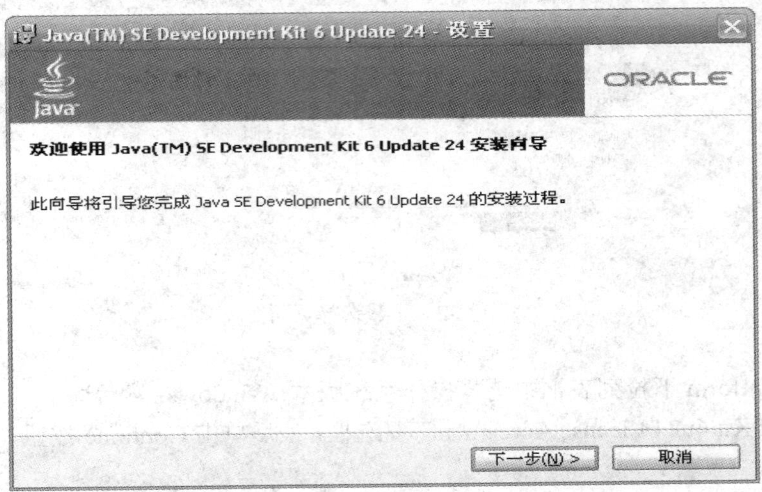

图 1-4　JDK 安装过程 1

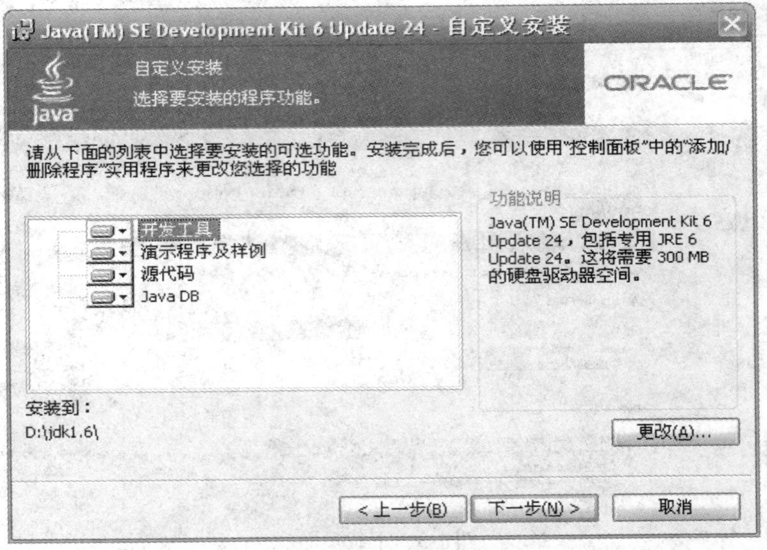

图 1-5　JDK 安装过程 2

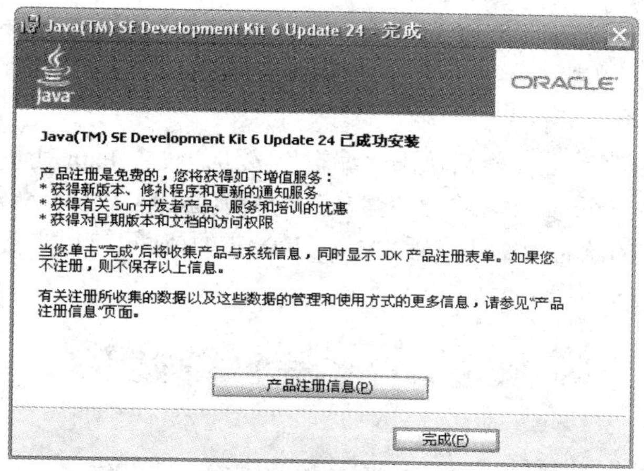

图 1-6　JDK 安装过程 3

JDK 安装完成后，在 D:\jdk1.6\bin 目录下会有一个 java.exe 和 javac.exe 文件，它们分别为 Java 虚拟机程序和 Java 编译器程序。

在计算机上安装 JDK 的同时也就安装了 Java 运行时环境平台。如果只想运行别人的 Java 程序而不进行 Java 程序开发，可以只安装 Java 运行时环境 JRE，JRE 由 Java 虚拟机、Java 的核心类，以及一些支持文件组成，可以登录 Sun 网站免费下载 Java 的 JRE。

1.3.3　设置环境变量

为了便于在 DOS 命令行下直接运行 Java 虚拟机程序和 Java 编译器程序，需要设置一下系统环境变量。

如果使用 Windows XP 及以上版本操作系统，则选择“控制面板”→“系统”→“高级”→“环境变量”，在新打开的界面中需要设置三个系统变量：JAVA_HOME、Path、Classpath。其中，在没安装过 JDK 的环境下，path 属性是本来存在的，而 JAVA_HOME 和 Classpath 是不存在的。

1. JAVA_HOME

单击“新建”按钮，在“新建系统变量”对话框的“变量名”文本框中写上 JAVA_HOME，该变量的含义就是 Java 的安装路径，然后，在“变量值”处写入刚才安装的路径“D:\jdk1.6”，如图 1-7 所示。

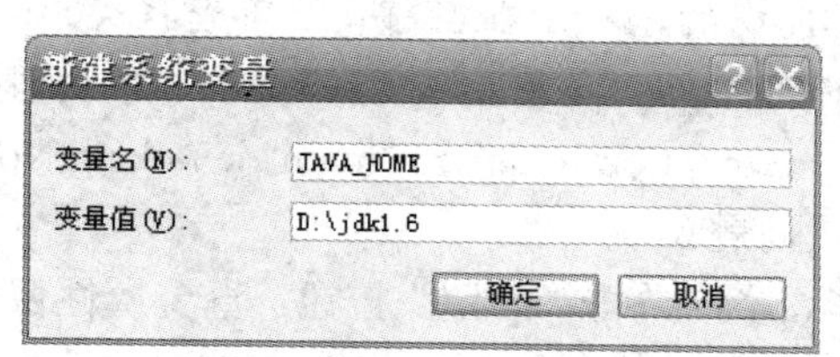

图 1-7　JAVA_HOME 环境变量

注意：如果安装的路径不是磁盘 D 或者不是在 jdk1.6 文件夹，可对应修改。以下内容都是假定安装在 D:\jdk1.6 里面。

2. Path

在系统变量里面找到 Path，然后单击“编辑”按钮，设置 Path 变量的含义就是让系统在任何路径下都可以识别 Java 命令，在“变量值”的最前面加上“.;%JAVA_HOME%\bin;”，其中“%JAVA_HOME%”的意思为刚才设置 JAVA_HOME 的值，也可以直接写上“D:\jdk1.6\bin”，如图 1-8 所示。

图 1-8　Path 环境变量

注意：Java 的环境变量应该设置到最前面，因为环境变量是从前面向后面找的；系统的环境变量会覆盖用户的环境变量，因为安装程序时有些程序自带的环境变量会覆盖之前设置的 JDK 的路径。

3. Classpath

单击“新建”按钮，在“变量名”上写上 Classpath，该变量的含义是为 Java 加载类（class or lib）路径，只有类在 Classpath 中，Java 命令才能识别。其值为“.;%JAVA_HOME%\lib\dt.jar;%JAVA_HOME%\lib\toos.jar（要加“.”表示当前路径）”，与“%JAVA_HOME%”具有同样的意思，如图 1-9 所示。

图 1-9　Classpath 环境变量

注意：前面那个点是不能少的，表示在当前目录下查找类。如果不设置 Classpath，会从当前目录下查找类，如果有 Classpath 变量会从 Classpath 指定的目录查找类。

如果看到这样的错误：“Exception in thread "main" java.lang.NoClassDefFoundError: hell”，那么就可能是 Classpath 设置问题。

以上三个变量设置完毕，多次单击“确定”按钮，直至属性窗口消失。下面来验证一下安装是否成功。

首先，打开“开始”菜单→“运行”，输入“cmd”，进入 DOS 系统界面。在 DOS 命令提示符下输入“java -version”，如果安装成功，系统会显示“java version "1.6.0_24"”，如图 1-10 所示。

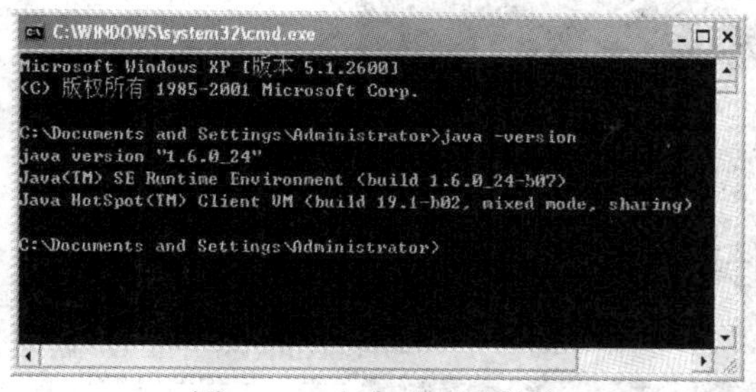

图 1-10　命令提示符状态

然后，在 DOS 界面中输入“javac”来查看该命令是否合法，同样输入“java”来查看该命令是否合法。

任务 4　第一个 Java 程序

Java 语言这么重要，它究竟能做什么呢？在计算机软件应用领域中，我们可以把 Java 的应用分为两种典型的类型。一种是安装和运行在本机上的桌面程序，比如政府和企业里面常用的各种管理信息系统；另一种是通过浏览器访问的面向 Internet 的应用程序，比如网上商城系统。除此之外，Java 还能够做出非常炫的图像效果，图 1-11 和图 1-12 就是使用 Java 做出的 2D 和 3D 立体效果的应用程序。

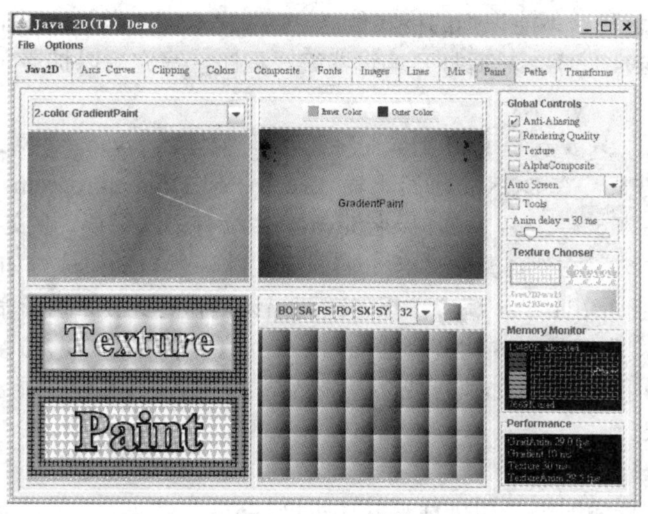

图 1-11　2D 效果

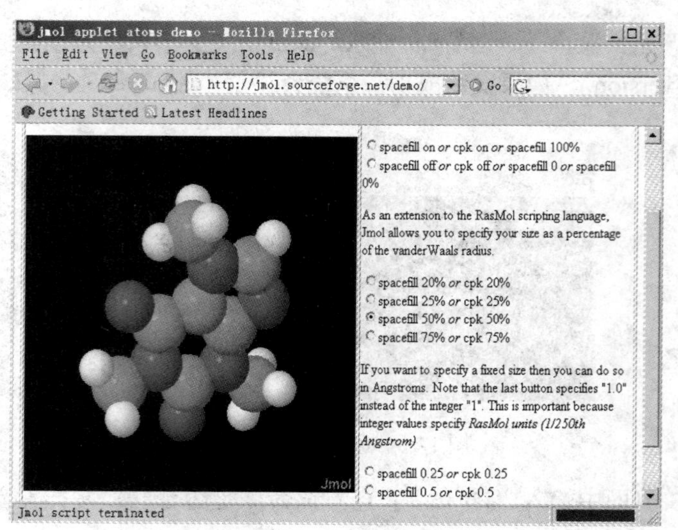

图 1-12　3D 效果

1.4.1　Java 程序的编写、编译和运行过程

Java Application 是独立的应用程序，而 Java Applet 则是嵌入 HTML 在浏览器中执行的。下面针对这两类应用程序的编程和执行环境进行讨论。

1. Java Application

Java Application 的编写和执行分 3 步进行：

（1）编写源代码。首先要选一个无格式的文本编辑器，如 Windows 的记事本、JCreator、NetBeans、JBuilder、Eclipse、UltraEdit 等。千万不要用 Word 这类带格式的文本编辑器，因为它隐藏有许多 Java 解释器不能识别的格式信息。其次，创建一个文件夹，如 D:\javaProgram 用来存放编写好的 Java 程序。然后打开编辑器编写程序，写完后以扩展名.java 存入新建文件夹 D:\javaProgram 中。

（2）编译源代码。只要安装了 jdk1.6，它已包含有编译器 javac.exe 对 Java 程序进行编译，需要进入 MS-DOS 方式，在 DOS 提示符下输入命令：cd D:\javaProgram，设置运行目录，再输入编译命令：javac 源文件全名（带扩展名.java），如没有语法错误，在文件夹 D:\javaProgram 中出现一个二进制字节码文件：源文件名.class，它由编译器自动生成。如源代码有语法错误，会给出错误报告，按行指出错误，编者按报告改正错误后，重复上面编译命令，直至编译成功。

（3）解释执行，利用 jdk1.6 的解释器 java.exe 执行。仍在 DOS 方式下，输入命令：java 源文件名（不带.java 扩展名），如执行成功，显示结果，如执行有错，显示错误报告，设法排错直至获得正确结果。

2. Java Applet 应用程序

Java Applet 应用程序的编写和执行共分 4 步进行：

（1）编写源代码，这步与 Java Application 相同，编辑一个源文件存入指定文件夹中。注意，该程序不含 main 方法。

（2）编写 HTML 文件调用该小程序。以.html 为扩展名存入相同文件夹。

（3）编译过程，与 Java Application 相同，编译应用程序的 java 部分。

（4）解释执行，同样在 DOS 方式下，输入命令：appletviewer filename.html（这里的 filename 不要求与 Java 文件同名）。如无错误则显示结果，如有错误给出出错报告，排错后，重复上面解释执行。

1.4.2 使用记事本编写第一个 Java 应用程序

在对 Java 有了一个初步的认识之后，你一定已经迫不及待地想知道程序到底是怎么开发出来的了。很简单，我们需要完成以下 3 步。

（1）使用记事本编辑源程序，以.java 为后缀名保存。通过前面几节的学习，我们了解了 Java 语言是一门高级程序语言，在明确了要计算机做的事情之后，把要下达的指令逐条用 Java 语言描述出来，这就是你编制的程序。通常，我们称这个文件为源程序或者源代码，HelloWorld.java 就是一个 Java 源程序。就像我们写的 Word 文档使用.doc 作为扩展名一样，Java 源程序文件使用.java 作为扩展名。

例如 HelloWorld.java 程序代码如下：

```
public class HelloWorld
{
    public static void main(String args[])
    {
        System.out.println("Hello world!");
    }
}
```

注：类定义可以用 public class 也可以直接用 class，但如果用 public class 定义，则该代码文件名也应当与类名相同，扩展名为.java。

Java 源文件的命名规则是这样的，如果源文件中有多个类，那么只能有一个类是 public 类。如果有一个类是 public 类，那么源文件的名字必须与这个类的名字完全相同，扩展名是.java。如果源文件没有 public 类，那么源文件的名字只要和其中某个类的名字完全相同，并且扩展名是.java 就可以了。

如果在保存文件时，系统总是给文件名末尾加上“.txt”，那么在保存文件时可以将文件名用引号括起来。

将上例中的 Java 程序代码保存入新建文件夹 D:\javaProgram 中，即 D:\javaProgram\HelloWorld.java，另外还要注意 Java 文件名是区分大小写的。

（2）使用 javac 命令编译.java 文件，生成.class 文件。.java 文件经过编译器的翻译，输出结果就是一个后缀名为.class 文件，我们称它为字节码文件，如图 1-13 所示。

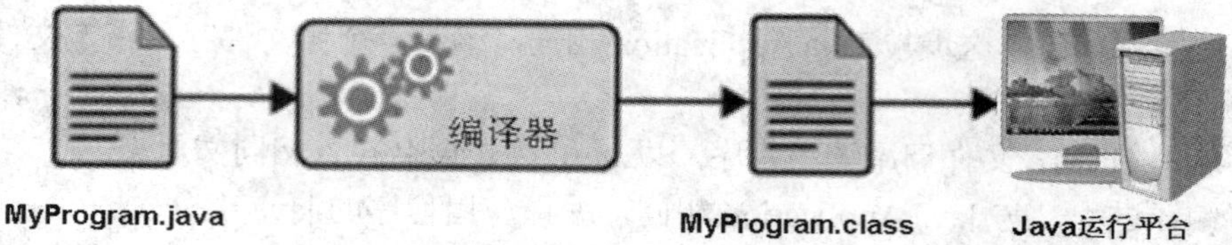

图 1-13　Java 程序开发过程

如果已在环境变量中将 path 中添加了 JDK 安装目录下的 bin 目录，则可在当前目录下进行编译。

打开 DOS 窗口，切换到 Java 代码所在的目录 D:\javaProgram，输入：

```
javac HelloWorld.java
```

编译后在当前目录下产生一个新文件：HelloWorld.class。

（3）使用 java 命令运行.class 文件，输出程序结果。

执行时就是对该文件进行解释执行，执行命令如下：

```
java HelloWorld
```

则将在文本状态的屏幕上打印出语句：Hello World!，如图 1-14 所示。

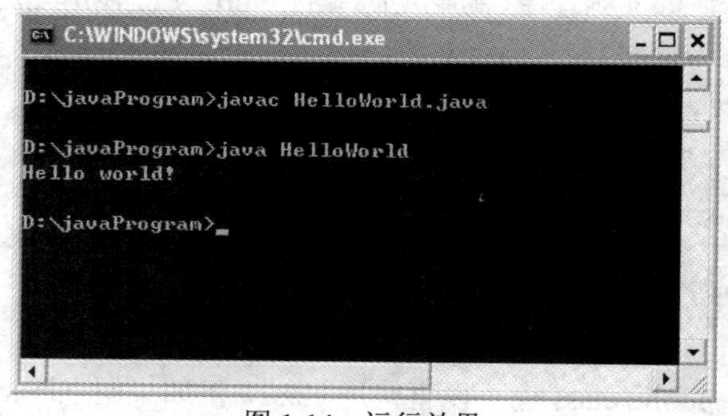

图 1-14　运行效果

注意：

- 运行 javac 的时候，不区分大小写，且要全部文件名（包括后缀）：javac HelloWorld.java。
- 运行 java 的时候，区分大小写，不要.class 后缀：java HelloWorld。

1.4.3　使用 Eclipse 编写 Java 应用程序

集成开发环境（IDE）是一类软件，它将程序开发环境和程序调试环境集成在一起，帮助程序员开发软件，Eclipse 就是一款 IDE 软件

使用 Eclipse 开发 Java 程序的步骤如下：

1. 创建一个 Java 项目

双击打开 Eclipse，选择“文件”→“新建”→“项目”，在弹出的“新建项目”对话框中选择“Java 项目”，单击“下一步”按钮，在“新建 Java 项目”对话框的“项目名”一栏中输

入你为自己的项目取的名字，这里我们叫它 javachp1，单击“完成”按钮，就完成了项目的创建。创建项目是为了方便管理，就像我们在计算机中建立文件夹管理文件一样，编写 Java 程序时也会有很多文件。在 Eclipse 中，把能够共同完成一项需求的程序文件都放在一个项目中。

2. 创建 Java 源程序

右键单击刚才创建的工程“javachp1”，在弹出的菜单中选择“新建”→“类”→输入“类名”→单击“完成”。我们为刚才的类取名“HelloWorld”。并在 HelloWorld.java 文件中输入：

```
public class HelloWorld{
    public static void main(String[ ] args){
        System.out.println("Hello World!!!");
    }
}
```

3. 编译 Java 源程序

这一步不用我们手工来做，Eclipse 会自动编译，如果有错误，会给出相应的提示，在后面我们会专门来研究一下常见的错误。

4. 运行 Java 程序

选中 HelloWorld.java 文件，选择菜单“运行”→“运行方式”→“Java 应用程序”。如果看到如图 1-15 所示的输出结果，恭喜你，第一个 Java 程序编写成功！

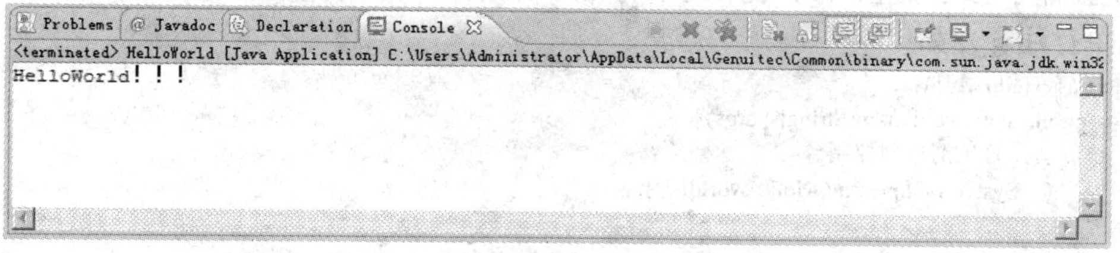

图 1-15 运行程序

下面我们来分析一下程序的各个组成部分。

- 程序框架

```
public class HelloWorld{}
```

这里命名类名为 HelloWorld，它要和程序文件的名称一模一样。至于“类”是什么，我们会在以后的章节中深入学习。类名前面要用 public（公共的）和 class（类）两个词修饰，它们的顺序不能改变，中间要用空格分隔。类名后面跟一对大括号，所有属于这个类的代码都放在“{”和“}”中间。

- main 方法的框架

```
public static void main(String[ ] args){}
```

main 方法有什么用呢？前面我们提到过，程序是由逐条执行的指令构成的，那么程序在执行的时候是不是从上到下逐条执行呢？其实不是的。正如我们的房子，不管有多大，有多少个房间都要从门进入一样，程序也要从一个固定的位置开始执行，在程序中我们把它叫做“入口”。而 main 方法就是 Java 程序的入口，是所有 Java 应用程序的起始点，没有 main 方法，计算机就不知道该从哪里开始执行程序。注意，一个程序只能有一个 main 方法。

在编写 main 方法时，要求按照上面的格式和内容进行书写，main 方法前面使用 public、static、void 修饰，它们都是必需的，而且顺序不能改变，中间用空格分隔。另外，main 后面的小括号和其中的内容“String[ ] args”必不可少。目前你只要准确牢记 main 方法的框架就可以了，在以后的章节再慢慢理解每部分的含义。

main 方法的框架也有一对大括号，我们把计算机执行的指令都写在这里，从本项目开始的相当长一段时间里，我们都要在 main 方法中编写程序。

- 填写的代码

```
System.out.println("Hello World!!!");
```

这一行的作用就是打印“Hello World!!!”。System.out.println()是 Java 语言自带的功能，使用它可以向控制台输出信息。print 的含义是“打印”，ln 可以看作是 line（行）的缩写，println 可以理解为打印一行，实现向控制台打印的功能前面要加上“System.out”。在程序中，我们只需要把输出的话用英文引号引起来放在 println()中就可以了。另外，以下语句也可以实现打印输出。

```
System.out.print("Hello World!!!");
```

1.4.4 为程序添加注释

为增强程序的可读性，常常在程序中添加注释。Java 语言中有多种注释，如：//、/* */等。

//是单行注释，如：

```
public class HelloWorld{
        public static void main(String[ ] args){
                //输出消息到控制台
                System.out.println("Hello World!!!");
                }
}
```

/* */为多行注释，如：

```
/*
 * HelloWorld.java
 * 2014-3-11
 * 第一个 Java 程序
 */
public class HelloWorld{
        public static void main(String[ ] args){
                System.out.println("Hello    World!!!");
        }
}
```

中间三行的*号是为了美观加入的，也可以不加。

1.4.5 Java 编码规范

日常生活中大家都要学习普通话，目的是让不同地区的人之间更加容易沟通。编码规范就是程序世界中的“普通话”。编码规范对于程序员来说非常重要。为什么这样说呢？一个软件在开发和使用过程中，80%的时间是花费在维护上的，而且软件的维护工作通常不是由最初的开发人员来完成的。编码规范可以增加代码的可读性，使软件开发和维护更加方便。

在本项目中，请你记住以下编码规范：

（1）类名必须使用 public 修饰。

（2）一行只写一条语句。

（3）用{}括起来的部分通常表示程序的某一层次结构。“{”一般放在这一结构开始行的最末，“}”与该结构的第一个字母对齐，并单独占一行。

（4）低一层次的语句或注释应该比高一层次的语句或注释缩进若干后书写，使程序更加清晰，增加代码的可读性。

习　题

一、选择题

1．选出在 Java 中有效的注释声明（　　）。

A．//这是注释　　B．*/这是注释*/　　C．/这是注释　　D．/* 这是注释*/

2．在 Eclipse 中，（　　）视图显示输出结果。

A．资源管理器　　B．导航器　　C．控制台　　D．问题

3．Java 源代码文件的扩展名为（　　）。

A．.txt　　B．.class　　C．.java　　D．.doc

二、简答题

1．请写出 Java 领域的相关技术。

2．请写出在 Eclipse 中开发一个 Java 程序的步骤。

3．编写一个 Java 程序，显示你的个人档案。

提示，例如，在控制台打印输出以下内容。

姓名：　　汪洋
年龄：　　21
性别：　　男
职业：　　学生
住址：　　河南信阳羊山新区 24 大街 365 号
电话：　　1381390081

2

Java 语言基础

本项目主要介绍 Java 的基础语法知识，包括 Java 的关键字常量、变量、简单数据类型、运算符、表达式等，同时也简要地介绍了 Java 与 C、C++等其他编程语言之间的差异。通过本项目的学习，要求读者掌握几种主要的 Java 语句结构（分支、循环），学会基本的程序设计方法，能独立设计和阅读简单的 Java 程序。这些内容是任何一门程序设计语言都必须包含的部分，也是编程的基础。

- 掌握变量的概念，会使用常用数据类型、赋值运算符和算术运算符，会进行数据类型转换，掌握键盘输入
- 学习程序设计的三大结构：顺序结构、条件选择结构、循环结构

任务 1　学习 Java 基本数据类型

2.1.1　标识符和关键字

1. 标识符

用来标识类名、变量名、方法名、类型名、数组名、文件名的有效序列称为标识符。简

单地说，标识符就是一个名字，它需要遵守标识符命名规范。

规范如下：

（1）只能以字母、下划线（_）或美元符（$）开头，数字不能作为开头。

（2）不能包含美元符（$）以外的特殊符号。

（3）不能包含空格。

（4）可以是中文字符或日文字符。

（5）标识符中的字母是区分大小写的，Boy 和 boy 是不同的标识符。

下列标识符都是合法的标识符：Boy_$、www_56$、$89bird。

Java 语言使用 Unicode 标准字符集，最多可以识别 65535 个字符，Unicode 字符表的前 128 个字符刚好对应 ASCII 表。每个国家的“字母表”的字母都是 Unicode 表中的一个字符，比如汉字中的“你”字就是 Unicode 表中的第 20320 字符。

Java 中的字母包括了世界上任何语言中的“字母表”，因此，Java 所使用的字母不仅包括通常的拉丁字母，a、b、c 等，也包括汉语中的汉字，日文里的片假名、平假名，朝鲜文以及其他许多语言中的文字。

2. 关键字

Java 中赋予一种特定的含义、用作专门用途的字符串称作关键字（Keyword）。不可以把这类词作为名字来用。Java 的关键字有：

数据类型相关的关键字：boolean、int、long、short、byte、float、double、char、class 和 interface。

流程控制相关的关键字：if、else、do、while、for、switch、case、default、break、continue、return、try、catch 和 finally。

修饰符相关的关键字：public、protected、private、final、void、static、strictfp、abstract、transient、synchronized、volatile 和 native。

动作相关的关键字：package、import、throw、throws、extends、implements、this、super、instanceof 和 new。

其他关键字：true、false、null、goto 和 const。

需注意，关键字一律用小写字母表示。

2.1.2 基本数据类型

基本数据类型是指 Java 固有的数据类型，是编译器本身能理解的。

在 Java 中，每个存放数据的变量都是有类型的，如：

```
char ch;
float x;
int a,b,c;
```

ch 是字符型的，会分配到两个字节内存。不同类型的变量在内存中分配的字节数不同，同时存储方式也是不同的。所以给变量赋值前需要先确定变量的类型，确定了变量的类型，即确定了数据需分配内存空间的大小和数据在内存的存储方式。

1．布尔型——boolean

布尔型又名逻辑型，它是最简单的数据类型，在流程控制时常会用到。有 C++编程经验的学习者，要特别看清，Java 中的布尔型数据不对应任何整数值。

布尔型常量：true 和 false。需要注意的是，布尔常量的组成字母一律都是小写的。

布尔型变量：以 boolean 定义的变量，如：

```
boolean b = true;        //定义变量 b 是 boolean，且值为 true
```

2．字符类型——char

（1）字符常量

字符常量指用单引号括起来的单个字符，如'a'，'A'。

请特别注意，字符的定界符是单引号，而非双引号。除了以上所述形式的字符常量值之外，Java 还允许使用一种特殊形式的字符常量值，通常用于表示难以用一般字符来表示的字符，这种特殊形式的字符是以一个“\”开头的字符序列，称为转义字符。Java 中的常用转义字符如表 2-1 所示。

表 2-1　常用转义字符

转义字符	描述
\ddd	1～3 位八进制数所表示的字符（ddd）
\uxxxx	1～4 位十六进制数所表示的字符（xxxx），如“\u0061”表示“a”
\' \'	单引号字符和双引号字符
\\	反斜杠
\r	回车
\n	换行
\t	横向跳格
\f	走纸换页
\b	退格

（2）字符变量

以 char 定义的变量，如 char c='a';。

要特别加以说明的是，Java 的文本编码采用 Unicode 空符集，而 Java 字符是 16 位无符号型数据，所以一个字符变量在内存中占两个字节。

例 2.1　编程测试十六进制数 41、51 对应的字符，并相隔一个 tab 位输出。

分析：已知十六进制数，求字符。根据表 2-1，可用“\uxxxx”的转义字符形式来表示所求字符，然后直接输出即可。

```
class HDTest{
    public static void main(String[] args){
        char a='\u0041';
        char b='\u0051';
        System.out.println(a+'\t'+b);   //字符之间以若干空格相间
    }
}
```

程序运行结果：A　　Q

3．定点类型（整型）

定点类型包括字节型、整型、短整型和长整型，它们在内存中虽然占据的字节数不相同，但它们的存储方式是同样的，所以把这些类型归并在一起讨论。

“定点”的意思是把小数点定在末尾，小数点后没有数字的数据，Java 中通常把它们称为整数。

（1）定点常量

定点常量即整型常数，它可用十进制、八进制、十六进制三种方式来表示。

十进制定点常量：如 123、-456、0。

八进制定点常量：以 0 前导，形式为 0dd...d。如 0123 表示十进制数 83，-011 表示十进制数-9。

十六进制定点常量：以 0x 或 0X 开头，如 0x123 表示十进制数 291，-0X12 表示十进制数-18。

（2）定点变量

定点变量即整型变量，可细分成字节型变量、整型变量、短整型变量和长整型变量四种。表 2-2 对各种定点变量所占内存字节数和数值范围作了简要说明。

表 2-2　关于整型变量的说明

定点变量	占字节数	范围
字节型 byte	1	[-128~127]
短整型 short	2	[-32 768~32 767]
整型 int	4	[-2 147 483 648~2 147 483 647]
长整型 long	8	[-2^{63}～2^{63}-1]

需要注意的是，如果要将一个定点常量赋值给一个定点变量，需要查验常量是否在该变量的表达范围内，如超出范围程序会编译出错。

如：

```
byte b = 200;      //JCreator 编译时错误信息是“可能损失精度”
```

例 2.2　阅读程序，分析其运行结果。

```
class OHTest{
    public static void main(String[] args){
```

```
        int x = 010;
        System.out.println("x = "+ x);
        int y = 0x10;
        System.out.println("y = " + y);
    }
}
```

程序运行结果略，请思考并调试验证。

4. 浮点型（实型）

（1）浮点常量

即带小数点的实型数值，可以由直接带小数点的数值和科学计数法两种形式来表示：

带小数点的数值形式：由数字和小数点组成，如 0.123、.123、123.、123.0。

科学计数法表示形式：由一般实数和 e±n（E±n）组成，如 12.3e3、5E-3，它们分别表示 12.3×10^3 和 5×10^{-3}。需要注意的是，e 或 E 之前必须有数字，且 e 或 E 后面的指数必须为整数。

（2）浮点变量

浮点变量有单精度变量和双精度变量之分，不同的精度开销的内存字节数和表达的数值范围均有区别。两种浮点变量占内存字节数和数值范围见表 2-3。

表 2-3　单精度变量和双精度变量简要说明

浮点变量	占字节数	范围
单精度（float）	4	3.4e-038～3.4e+038，-3.4e+038～-3.4e-038
双精度（double）	8	1.7e-308～1.7e+308，-1.74e+038～-3.4e-038

浮点常量也有单精度和双精度之分，前面列出的常量均是双精度常量，如果要特别说明为单精度常量，可以在数据末尾加上 f 或 F 作为后缀，如 12.34f。如果要特别指明一个浮点常量是双精度常量，数据末尾不需要添加后缀，或者在数据末尾加上 d 或 D 作为后缀，如 12.34d。

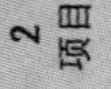

2.1.3　常量和变量

1. 常量

常量是不能被程序修改的固定值，在程序运行之前，其值已经确定了。常量一般是字符串和字符常量，且可以是不同的数据类型。如：字符常量，字符串常量，整型常量，实型常量，逻辑常量，字符串常量。

2. 变量

变量是 Java 程序中的基本存储单元，它具有名称、类型、值和作用域等特性。Java 程序通过变量来操纵内存中的数据，在使用任何变量之前必须先定义。

说明：

（1）Java 在使用一个变量之前要对变量的类型加以声明。

（2）Java 中一个变量的声明就是一条完整的 Java 语句，所以应该在结尾使用分号。

（3）变量的命名规则如下：

- 变量必须以一个字母开头。
- 变量名是一系列字母或数字的任意组合。
- 在 Java 中字母表示 Unicode 中相当于一个字母的任何字符。
- 数字也包含 0～9 以外的其他地位与一个数字相当的任何 Unicode 字符。
- 版权信息符号©和空格不能在变量名中使用。
- 变量名区分大小写。
- 变量名的长度基本上没有限制。如想知道 Java 到目前为止哪些 Unicode 字符是字母的话，可以使用 Character 类中的 isJavaIdentifierStart 以及 isJavaIdentifierPart 方法进行检查。
- 变量名中不能使用 Java 的保留字。

（4）可在一条语句中进行多个变量的声明，不同变量之间用逗号分隔。

3．变量的赋值和初始化

变量的值可以通过两种方法获得，一种是赋值，给一个变量赋值需要使用赋值语句。另外一种就是初始化，说是初始化，其实还是一个赋值语句。例如：

```
int a =10; //这就是一个变量初始化的过程
```

下面两条语句的功能和上面一条的功能相同，只是将变量的声明和赋值分开来进行的。

```
int a;
a =10; //在赋值语句的结尾应该是用分号来结束。
```

说明：

（1）在 Java 中绝对不能出现未初始化的变量，在使用一个变量前必须给变量赋值。

（2）声明可以在代码内的任何一个位置出现，但在方法的任何代码块内只可对一个变量声明一次。

任务 2　使用运算符和表达式

运算符指明对操作数所进行的运算。按操作数的数目来分，可以有一元运算符（如++、--），二元运算符（如+、>）和三元运算符（如?:），它们分别对应于一个、两个和三个操作数。对于一元运算符来说，可以有前缀表达式（如++i）和后缀表达式（如 i++），对于二元运算符来说，则采用中缀表达式（如 a+b）。按照运算符功能来分，基本的运算符有下面几类：

（1）算术运算符（+、-、*、/、%）。

（2）自加和自减运算符（++、--）。

（3）关系运算符（>、<、>=、<=、==、!=）。

（4）逻辑运算符（!、&&、||）。

（5）赋值运算符（=及扩展赋值运算符如+=）。

（6）位运算符（>>、<<、>>>、&、|、^、～）。

（7）条件运算符（?:）。

（8）其他（包括分量运算符“.”、类型转换运算符(类型)、方法调用运算符()等）。

本节中我们主要讲述前 5 类运算符，其他的会在以后涉及到。

2.2.1 算术运算符和表达式

（1）加减运算符+、-。例如 2+39、908.98-23 等。加减运算符是双目运算符，即连接两个操作数的运算符。加减运算符的结合方向是从左到右。例如：2+3-8，先计算 2+3，然后再将得到的结果减 8。加减运算符的操作数是整型或浮点型数据。

（2）乘、除和求余运算符*、/、%。例如 2*39、908.98/23 等。

、/、%运算符是双目运算符，即连接两个操作数的运算符。、/、%运算符的结合方向也是从左到右，例如 2*3/8，先计算 2*3，然后再将得到的结果除以 8。乘除运算符的操作数是整型或浮点型数据。

用算术符号和括号连接起来的符合 Java 语法规则的表达式，如 x+2*y-30+3*(y+5)，像这样的式子我们称为算术表达式。

2.2.2 自加和自减运算符

自加、自减运算符是单目运算符，可以放在操作数之前，也可以放在操作数之后。操作数必须是一个整型或浮点型变量。作用是使变量的值增 1 或减 1，如：

++x、--x 表示在使用 x 之前，先使 x 的值加 1 减 1。

x++、x--表示在使用 x 之后，使 x 的值加 1 减 1。

粗略的看，++x 和 x++的作用相当于 x=x+1。但++x 和 x++的不同之处在于，++x 是先执行 x=x+1 再使用 x 的值，而 x++是先使用 x 的值再执行 x=x+1。如果 x 的原值是 5，则

对于 y=++x；先将 x 的值变为 6，然后赋给 y，y 的值为 6。

对于 y=x++；先将 x 的值赋给 y，y 得到的值为 5，然后 x 的值变为 6。

2.2.3 关系运算符和表达式

关系运算符用来比较两个值的关系。关系运算符的运算结果是 boolean 型，当运算符对应的关系成立时，运算结果是 true，否则是 false。

例如，10<9 的结果是 false，5>1 的结果是 true，3!=5 的结果是 true，10>20-17 的结果为 true。因为算术运算符的级别高于关系运算符，10>20-17 相当于 10>(20-17)，结果当然是 true。

结果为数值型的变量或表达式可以通过关系运算符形成关系表达式。如：4>8、(x+y)>80。

Java 语言提供的关系运算符如表 2-4 所示。

表 2-4　关系运算符

运算符	名称	用途举例
<	小于	a<b，3<4
<=	小于等于	a<=b，x<=8
>	大于	a>b，9>5
>=	大于等于	a>=b，y>=x
==	等于	a==b，x==3*4
!=	不等于	a!=b，x!=7

2.2.4　逻辑运算符和表达式

逻辑运算符包括&&、||、!。其中&&、||为二目运算符，实现逻辑与逻辑或。! 为单目运算符，实现逻辑非。逻辑运算符的操作数必须是 boolean 型数据，逻辑运算符可以用来连接关系表达式。

表 2-5 给出了逻辑运算符的用法和含义。

表 2-5　逻辑运算符

<table>
<tr><th>运算符</th><th>名称</th><th>用途举例</th></tr>
<tr><td>!</td><td>逻辑非</td><td>!b</td></tr>
<tr><td>&&</td><td>逻辑与</td><td>(a>b)&&(c<d)</td></tr>
<tr><td>||</td><td>逻辑或</td><td>(a>b)||(c<d)</td></tr>
</table>

结果为 boolean 型的变量或表达式可以通过逻辑运算符合成为逻辑表达式。

用逻辑运算符进行逻辑运算，其运算结果为逻辑类型：true 或 false。

例如，2>8&&9>2 的结果为 false，2>8||9>2 的结果为 true。由于关系运算符的级别高于&&、||的级别，2>8&&9>2 相当于(2>8)&&(9>2)。

逻辑运算符“&&”和“||”也称做短路逻辑运算符，这是因为当条件 1 的值是 false 时，“&&”运算符在运算时不再去计算条件 2 的值，直接就得出“条件 1&&条件 2”的结果是 false。当条件 1 的值是 true 时，“||”运算符号在运算时也不再去计算条件 2 的值，直接就得出“条件 1||条件 2”的结果是 true。

2.2.5　赋值运算符和表达式

赋值运算符是双目运算符，左面的操作数必须是变量，不能是常量或表达式，见表 2-6。设 x 是一个整型变量，y 是一个 boolean 型变量，x=20 和 y = true 都是正确的赋值表达式，赋值运算符的优先级较低，结合方向从右到左。赋值表达式的值“=”左面变量的值。注意不要将赋值运算符“=”与等号运算符“==”混淆。

表 2-6　赋值运算符

运算符	说明	等效表达式
=	a=a	
+=\-=*=\/=\%=	a+=a	a=a+b，a=a-b
&=|=\^=	a&=a	a=a&b，a=a|b，a=a^b
>>=\<<=\>>>=	a>>=b，a<<=b，a>>>=b	a=a>>b，a=a<<b，a=a>>>b

2.2.6　运算符的优先级

Java 语言中运算符的优先级如表 2-7 所示。

表 2-7　运算符优先级表

优先级	描述	运算符	结合性
1	分隔符	() [] ,;	从左到右
2	自增自减运算\逻辑非	! +（正）-（负）~ ++ --	从右向左
3	算术乘除运算	* / %	从左向右
4	算术加减运算	+（加）-（减）	从左向右
5	移位运算	<< >> >>>	从左向右
6	大小关系运算	< <= > >=	从左向右
7	相等关系运算	== !=	从左向右
8	按位与运算	&	从左向右
9	按位异或运算	^	从左向右
10	按位或运算	|	从左向右
11	逻辑与运算	&&	从左向右
12	逻辑或运算	||	从左向右
13	三目条件运算	?:	从右向左
14	赋值运算	=	从右向左

说明：

（1）该表中优先级按照从高到低的顺序书写，也就是优先级为 1 的优先级最高，优先级为 14 的优先级最低。

（2）结合性是指运算符结合的顺序，通常都是从左到右。从右到左的运算符最典型的就是负号，例如 3+-4，则意义为 3 加-4，负号首先和运算符右侧的内容结合。

（3）注意区分正负号和加减号，以及按位与和逻辑与的区别。

其实在实际的开发中，不需要去记忆运算符的优先级别，也不需要刻意地使用运算符的优先级别，对于不清楚优先级的地方使用小括号去进行替代，示例代码：

```
int m = 12;
int n = m << 1 + 2;
int n = m << (1 + 2); //这样更直观
```

习　　题

1．举例说明在什么情况下会发生自动类型转换。

2．为抵抗洪水，解放军战士连续作战 89 小时，编程计算共多少天零多少小时。

3．自定义一个整数，输出该数分别与 1 到 10 相乘的结果。

4．小明要到美国旅游，可是那里的温度是以华氏度为单位记录的。他需要一个程序将华氏温度（80 度）转换为摄氏度，并以华氏度和摄氏度为单位分别显示该温度。编写程序达成小明的要求。提示：摄氏度与华氏度的转换公式为：摄氏度=5/9.0*（华氏度-32）。

任务 3　初识 Java 语句

2.3.1　Java 语句概述

Java 里的语句可分为以下 5 类：

1．方法调用语句

```
System.out.println("Hello World!");
```

2．表达式语句

由一个表达式构成一个语句，最典型的是赋值语句，如：x=69;。在一个表达式的最后加上一个分号就构成了一个语句，分号是语句不可缺少的部分。

3．复合语句

可以用{}把一些语句括起来构成复合语句，如：

```
{  y=43+x;
   System.out.println("Hello World!");
}
```

4．控制语句

包括选择语句和 switch 开关语句。

5. package 和 import 语句

（1）package 语句

通过关键字 package 声明包语句。Package 语句作为 Java 源文件的第一条语句，指明该源文件定义的类所在的包。Package 语句的一般格式为：

```
Package 包名;
```

如果源文件中省略了 package 语句，那么源文件中定义的类被默认为是无名包的一部分，即源文件中定义的类在同一个包中，但该包没有名字。

包名可以是一个合法的标识符，也可以是若干个标识符加“.”分隔而成，例如：

```
package sun;
package sun.moon;
```

程序如果使用了包语句，那么要先将源文件保存到包所在的目录中，再编译源文件。

（2）import 语句

使用 import 语句可以引入包中的类。在编写源文件时，除了自己编写类外，经常需要用到 Java 提供的许多类，这些类可能在不同的包中。在学习 Java 时，可以使用已经存在的类。尽量避免一切从头做起。

为了能使用 Java 提供的类，可以使用 import 语句来引入包中类。在一个 Java 源文件中，可以有多个 import 语句，它们必须写在 package 语句和源文件中类的定义之前，Java 提供了 130 多个包。

2.3.2 选择语句

所谓选择语句就是对语句中不同条件的值进行判断，进而根据不同的条件执行不同的语句。在分支语句中主要有两个语句：if 条件语句和 switch 多分支语句。下面对这两个语句进行详细的介绍。

简单的 if 条件语句是条件语句的一种形式，它针对某种条件做出相应的处理。通常表现为“如果满足某种条件，就进行某种处理”。例如，聪聪的妈妈对聪聪说“如果你这次考试得 100 分，星期天就带你去公园玩”。这句话通过伪代码描述成算法如下：

```
if(聪聪考试得 100 分){
   星期天带聪聪去公园玩    }
```

实际上，上面的代码就是简单的 if 条件语句，其语法格式如下：

```
if(条件表达式){
   语句序列
}
```

条件表达式：必要参数。其值可以由多个表达式组成，但最后结果一定是 boolean 类型，也就是结果只能是 true 或 false。

语句序列：可选参数。一条或多条语句，当表达式的值为 true 时执行这些语句。当语句序列省略时，要么保存其外面的大括号，要么去掉大括号，然后在 if 语句的末尾添加分号“;”。例如，下面的两行代码都是正确的。

```
if(聪聪考试得 100 分);
if(聪聪考试得 100 分){}
```

在简单的 if 条件语句中，if 是 Java 中的关键字，当系统执行到 if 关键字时，就会去判断它后面的小括号中的条件表达式是否为 true，如果为 true，就执行其后面大括号中的语句序列，否则将忽略大括号中的程序代码，继续向下执行。

1. if...else 条件语句

if...else 条件语句是最常用的一种形式，它针对某种条件有选择地做出处理。通常表现为“如果满足某种条件，就进行某种处理，否则就进行另一种处理”。例如，要判断指定年的 2 月份的天数，通过伪代码描述的算法如下：

```
if(指定年为闰年){
   2 月份为 29 天
}else{
   2 月份为 28 天
}
```

实际上，上面代码就是 if...else 条件语句，其语法格式如下：

```
if(条件表达式){
   语句序列 1
}else{
   语句序列 2
}
```

条件表达式：必要参数。其值可以由多个表达式组成，但是最后结果一定是 boolean 类型，也就是其结果只能是 true 或 false。

语句序列 1：可选参数。一条或多条语句，当表达式的值为 true 时执行这些语句。当该语句序列省略时，要么保留其外面的大括号，要么去掉大括号，然后在 if 关键字后面添加分号“;”。例如，下面的两段代码都是正确的。

```
//代码段 1
         if(指定年为闰年);
         else{
              2 月份为 28 天
         }
//代码段 2
         if(指定年为闰年){}
         else{
              2 月份为 28 天
         }
```

语句序列 2：可选参数。一条或多条语句，当表达式的值为 false 时执行这些语句。当该语句序列省略时，要么保留其外面的大括号，要么去掉大括号，然后在 else 关键字后面添加分号“;”。例如，下面的两段代码都是正确的。

```
//代码段 1
         if(指定年为闰年){
              2 月份为 29 天
         }else;
```

```
//代码段 2
        if(指定年为闰年){
            2 月份为 29 天
        }else{}
```

在 if...else 条件语句中，if 和 else 是 Java 中的关键字，当系统执行到 if 关键字时，就会去判断它后面的小括号中的条件表达式是否为 true，如果为 true，就执行其后面大括号中的语句序列 1，否则将执行 else 后面的大括号中的语句序列 2。

2. if...else if 多分支语句

if...else if 多分支语句用于针对某一事件的多种情况进行处理。通常表现为“如果满足某种条件，就进行某种处理，否则如果满足另一种条件才执行另一种处理”。例如，聪聪和妈妈要从公园回家，如果步行，需要 30 分钟；如果乘公交车，则需要 10 分钟；如果乘计程车，只需要 5 分钟。针对该事件通过伪代码描述的算法如下：

```
if(步行){
   需要 30 分钟
}else if(乘公交车){
   需要 10 分钟
}else{
   乘计程车则只需要 5 分钟
}
```

实际上，上面的代码就是 if...else if 多分支语句，其语法格式如下：

```
if(条件表达式 1){
   语句序列 1
}else if(条件表达式 2){
   语句序列 2
}else{
   语句序列 3
}
```

条件表达式 1 和条件表达式 2：必要参数。其值可以由多个表达式组成，但是最后结果一定是 boolean 类型，也就是其结果只能是 true 或 false。

语句序列 1：可选参数。一条或多条语句，当条件表达式 1 的值为 true 时执行这些语句。当该语句序列省略时，要么保留其外面的大括号，要么将大括号替换为分号“;”。例如，下面的两段代码都是正确的。

```
//代码段 1
        if(步行){
        }else if(乘公交车){
            需要 10 分钟
        }else{
            乘计程车则只需要 5 分钟
        }
//代码段 2
        if(步行);
        else if(乘公交车){
```

```
        需要 10 分钟
    }else{
        乘计程车则只需要 5 分钟
    }
```

语句序列 2：可选参数。一条或多条语句，当条件表达式 1 的值为 false，条件表达式 2 的值为 true 时执行这些语句。同语句序列 1 相同，该语句序列也可以省略，省略原则同语句序列 1 相同，这里不作介绍。

语句序列 3：可选参数。一条或多条语句，当条件表达式 1 的值为 false，条件表达式 2 的值也为 false 时，执行这些语句。同语句序列 1 相同，该语句序列也可以省略，省略原则同语句序列 1 相同。

3. switch 语句

Java 程序设计语言中还有另一种选择结构，即 switch 选择结构，它常常用于等值判断的状况。例如：韩嫣参加计算机编程大赛：

如果获得第一名，将参加麻省理工大学组织的 1 个月夏令营。

如果获得第二名，将奖励惠普笔记本电脑一部。

如果获得第三名，将奖励移动硬盘一个。

否则，不给任何奖励。

这个问题属于等值判断的情况，既可以使用多重 if 选择结构实现，也可以使用 switch 选择结构解决。使用多重 if 选择结构实现留给读者思考。对该事件使用 switch 语句通过伪代码描述的算法如下：

```
int mingCi = 1;
 switch (mingCi) {
     case 1:
         参加麻省理工大学组织的 1 个月夏令营;
         break;
     case 2:
         奖励惠普笔记本电脑一部;
         break;
     case 3:
         奖励移动硬盘一个;
         break;
     default:
         没有任何奖励;
}
```

具体编码如下：

```
int mingCi = 1;
 switch (mingCi) {
        case 1:
                System.out.println("参加麻省理工大学组织的 1 个月夏令营");
                break;
        case 2:
```

```
                System.out.println("奖励惠普笔记本电脑一部");
                break;
        case 3:
                System.out.println("奖励移动硬盘一个");
                break;
        default:
                System.out.println("没有任何奖励 ");
}
```

Switch 选择结构的语法为：

```
switch (表达式) {
    case 常量 1:
        语句;
        break;
    case 常量 2:
        语句;
        break;
    ……
    default:
        语句;
}
```

比较 switch 和多重 if 选择结构，其异同点如下：

相同点：都是用来处理多分支条件的结构。

不同点：switch 选择结构只能处理等值条件判断的情况，而且条件必须是整型变量或字符型变量；多重 if 选择结构，没有 switch 选择结构的限制，特别适合某个变量处于某个连续区间时的情况使用。

2.3.3 循环语句

所谓循环语句就是在满足条件的情况下反复执行同一个操作。在 Java 中，提供了 3 种常用的循环语句，分别是：for 循环语句、while 循环语句和 do...while 循环语句。下面分别对这 3 种循环语句进行介绍。

1. for 语句

for 循环在第一次执行之前要进行初始化，随后会进行条件测试。

例如，要计算 1～100 之间所有整数的和，就可以使用 for 循环语句。具体代码如下：

```
int sum=0;
for(int i=1;i<=100;i++){
    sum+=i;
}
System.out.println("1 到 100 之间所有整数的和是："+sum);
```

在对 for 循环语句有一个初步的认识后，下面给出 for 循环语句的语法格式：

```
for(初始化语句;循环条件;迭代语句){
    语句序列
}
```

初始化语句：为循环变量赋初始值的语句，该语句在整个循环语句中只执行一次。

循环条件：决定是否进行循环的表达式，其结果为 boolean 类型，也就是其结果只能是 true 或 false。

迭代语句：用于改变循环变量的值的语句。

语句序列：也就是循环体，在循环条件的结果为 true 时，重复执行。

for 循环语句执行的过程是：先执行为循环变量赋初始值的语句，然后判断循环条件，如果循环条件的结果为 true，则执行一次循环体，否则直接退出循环，最后执行迭代语句，改变循环变量的值，至此完成一次循环；接下来将进行下一次循环，直到循环条件的结果为 false，才结束循环。

在使用 for 语句时，一定要保证循环可以正常结束，也就是必须保证循环条件的结果存在为 false 的情况，否则循环体将无休止的执行下去，从而形成死循环。例如，下面的循环语句就会造成死循环，原因是 i 永远大于等于 1。

```
for(int i=1;i>=1;i++){
    System.out.println(i);
}
```

2. while 语句

while 循环语句也称为前测试循环语句，它的循环重复执行方式，是利用一个条件来控制是否要继续重复执行这个语句。while 循环语句与 for 循环语句相比，无论是语法还是执行的流程，都较为简明易懂。例如，前面实现的计算 1～100 之间所有整数的和，也可以使用 while 循环语句实现。具体代码如下：

```
int sum=0;
int i=1;
while (i<=100){
    sum+=i;
    i++;
}
System.out.println("1 到 100 之间所有整数的和是："+sum);    //输出计算结果
```

在对 while 循环语句有一个初步的认识后，下面给出 while 循环语句的语法格式：

```
while(条件表达式){
    语句序列
}
```

条件表达式：决定是否进行循环的表达式，其结果为 boolean 类型，也就是其结果只能是 true 或 false。

语句序列：也就是循环体，在条件表达式的结果为 true 时，重复执行。

while 循环语句之所以命名为前测试循环，是因为它要先判断此循环的条件是否成立，然后才完成重复执行的操作。也就是说，while 循环语句执行的过程是：先判断条件表达式，如果条件表达式的值为 true，则执行循环体，并且在循环体执行完毕后，进入下一次循环，否则退出循环。

在使用 while 语句时，同样要保证循环可以正常结束，也就是必须保证条件表达式的值存在为 false 的情况，否则将形成死循环。例如，下面的循环语句就会造成死循环，原因是 i 永远都小于 100。

```
int i=1;
while(i<=100){
    System.out.println(i);      //输出 i 的值
}
```

3．do…while 语句

do...while 循环语句也称为后测试循环语句，它的循环重复执行方式，也是利用一个条件来控制是否要继续重复执行这个语句。与 while 循环不同的是，它先执行一次循环语句，然后再去判断是否继续执行。例如，前面实现的计算 1～100 之间所有整数的和，也可以使用 do...while 循环语句实现。具体代码如下：

```
int sum=0;
int i=1;
do{
    sum+=i;
    i++;
} while (i<=100);
System.out.println("1 到 100 之间所有整数的和是："+sum);
```

在对 do…while 循环语句有一个初步的认识后，下面给出 do…while 循环语句的语法格式：

```
do{
   语句序列
} while(条件表达式);      //注意：语句结尾处的分号“;”一定不能少
```

语句序列：也就是循环体，循环开始时首先被执行一次，然后在条件表达式的结果为 true 时，重复执行。

条件表达式：决定是否进行循环的表达式，其结果为 boolean 类型，也就是其结果只能是 true 或 false。

do...while 循环语句执行的过程是：先执行一次循环体，然后再判断条件表达式，如果条件表达式的值为 true，则继续执行，否则跳出循环。也就是说，do...while 循环语句中的循环体至少被执行一次。

在使用 do...while 语句时，也一定要保证循环可以正常结束，也即条件表达式的值存在为 false 的情况，否则将形成死循环。例如，下面的循环语句就会造成死循环，原因是 i 永远都小于 100。

```
int i=1;
do{
    System.out.println(i);
} while(i<=100);
```

while 和 do…while 唯一的区别就是 do…while 至少会执行一次。而在 while 循环结构中，若条件第一次就为 false，那么其中的语句根本不会被执行。在实际应用中，while 比 do…while 更常用一些。

2.3.4 break 和 continue 语句

break 和 continue 语句是和循环语句紧密相关的两种语句。

1. break 语句

break 语句在前面的 switch 语句中已经出现过，功能是中断 switch 语句的执行。在循环语句中，break 语句的作用也是中断循环语句，即结束循环语句的执行。

break 语句可以用在 3 种循环语句的内部，功能完全相同。下面以 while 语句为例来说明 break 语句的基本使用及其功能。

示例代码：

```
int i = 0;
while(i < 10){
 i++;
if(i == 5){
 break; }}
```

则该循环在变量 i 的值等于 5 时，满足条件，然后执行 break 语句，结束整个循环，接着执行循环后续的代码。

在循环语句中，可以使用 break 语句中断正在执行的循环。

在实际的代码中，结构往往会因为逻辑比较复杂，而存在循环语句的嵌套，如果 break 语句出现在循环嵌套的内部时，则只结束 break 语句所在的循环，对于其他的循环没有影响，示例代码如下：

```
for(int i = 0; i < 10; i++){
    for(int j = 0; j < 5; j++){
        System.out.println(j);
        if(j == 3){
            break;
        }
    }
}
```

上例中 break 语句因为出现在循环变量为 j 的循环内部，则执行到 break 语句时，只中断循环变量为 j 的循环，而对循环变量为 i 的循环没有影响。

在上面的示例代码中，如果需要中断外部的循环，则可以使用语法提供的标签语句来标识循环的位置，然后跳出标签对应的循环。示例代码如下：

```
lable1:
    for(int i = 0; i < 10; i++){
        for(int j = 0; j < 5; j++){
        System.out.println(j);
        if(j == 3){
            break label1;
        }
    }
}
```

说明：这里的 label1 是标签的名称，可以为 Java 语言中任意合法的标识符，标签语句必须和循环匹配使用，使用时书写在对应的循环语句的上面，标签语句以冒号结束。如果需要中断标签语句对应的循环时，采用 break 后跟标签名的方式中断对应的循环。在该示例代码中 break 语句中断的是循环变量为 i 的循环。

同样的功能也可以使用如下的逻辑实现：

```
boolean b = false;
for(int i = 0; i < 10; i++){
    for(int j = 0; j < 5; j++){
        System.out.println(j);
        if(j == 3){
            b = true;
        break;
        }
    }
    if(b){ break;
    }
}
```

该示例代码中，通过组合使用两个 break 以及一个标识变量，实现跳出外部的循环结构。

2. continue 语句

continue 语句只能使用在循环语句内部，功能是跳过该次循环，继续执行下一次循环结构. 在 while 和 do…while 语句中 continue 语句跳转到循环条件处开始继续执行，而在 for 语句中 continue 语句跳转到迭代语句处开始继续执行。

下面以 while 语句为例，来说明 continue 语句的功能，示例代码如下：

```
int i = 0;
while(i < 4){
    i++;
    if(i == 2){
        continue;
    }
    System.out.println(i);
}
```

则该代码的执行结果是：

```
1
3
4
```

在变量 i 的值等于 2 时，执行 continue 语句，则后续未执行完成的循环体将被跳过，而直接进入下一次循环。在实际的代码中，可以使用 continue 语句跳过循环中的某些内容。

和前面介绍的 break 语句类似，continue 语句使用在循环嵌套的内部时，也只是跳过所在循环的结构，如果需要跳过外部的循环，则需要使用标签语句标识对应的循环结构。示例代码如下：

```
lable1:
for(int i = 0; i < 10; i++){
    for(int j = 0; j < 5; j++){
        System.out.println(j);
        if(j == 3){
            continue label1;
        }
    }
}
```

这样在执行 continue 语句时，就不再是跳转到 j++语句，而是直接跳转到 i++语句。

在实际的代码中，可以根据需要使用 break 和 continue 语句调整循环语句的执行，break 语句的功能是结束所在的循环，而 continue 语句的功能是跳过当次循环未执行的代码，直接执行下一次循环。

习　题

1．画出流程图并使用 if 条件结构实现：岳灵珊同学参加了 Java 课程的学习，他父亲岳不群和母亲宁中则承诺：

如果岳灵珊的考试成绩==100 分，父亲给她买辆车；

如果岳灵珊的考试成绩>=90 分，母亲给她买台笔记本电脑；

如果岳灵珊的考试成绩>=60 分，母亲给她买部手机；

如果岳灵珊的考试成绩<60 分，没有礼物。

2．什么情况下可以使用 switch 结构代替多重 if 条件结构。习题 1 可以用 switch 结构实现吗？如果可以，用 switch 结构实现，如果不可以，说明原因。

3．使用循环输出：100，95，90，85，......5。先画出流程图，再编程实现。

4．说明在循环中使用 break 和 continue 结束和终止循环的区别。

5．简述 while、do...while、for 循环之间的异同。

6．开发一个标题为“FlipFlop”的游戏应用程序。它从 1 计数到 100，遇到 3 的倍数就替换为单词“Flip”，5 的倍数就替换为单词“Flop”，既为 3 的倍数又为 5 的倍数则替换为单词“FlipFlop”。

提示：使用%运算符取得数字的余数。循环从循环变量 i 为 1 开始，循环次数是 100 次，在循环的过程中，需要完成的任务是，检测是 3 的倍数，输出“Flip”，检测是 5 的倍数，输出“Flop”，检测既是 3 的倍数又是 5 的倍数，输出“FlipFlop”，其余情况下输出当前数字。

任务 4　学习数组

数组是有序数据的集合，数组中的每个元素用相同的数组名和下标来唯一地确定。

2.4.1 数组声明

数组的声明包括数组的名字、数组包含元素的数据类型。

```
type arrayName[];
```

其中：类型（type）可以为 Java 中任意的数据类型，包括简单类型和组合类型，数组名 arrayName 为一个合法的标识符，[]指明该变量是一个数组类型变量。例如：

```
int intArray[];
```

声明了一个整型数组，数组中的每个元素为整型数据。与 C、C++不同，Java 在定义数组时并不为数组元素分配内存，因此[]中不用指出数组中元素个数，即数组长度，而且对于如上定义的一个数组是不能访问它的任何元素的。我们必须为它分配内存空间，这时要用到运算符 new，其格式如下：

```
arrayName=new type[arraySize];
```

其中，arraySize 指明数组的长度。如：

```
intArray=new int[3];
```

为一个整型数组分配 3 个 int 型整数所占据的内存空间。

通常，这两部分可以合在一起，格式如下：

```
type arrayName=new type[arraySize];
```

例如：

```
int intArray=new int[3];
```

2.4.2 数组的创建

声明数组仅仅是给出了数组名字和元素的数据类型，要想真正地使用数组还必须为它分配内存空间，即创建数组。当定义了一个数组，并用运算符 new 为它分配了内存空间后，就可以引用数组中的每一个元素了。数组元素的引用方式为：

```
arrayName[index]
```

其中：index 为数组下标，它可以为整型常数或表达式。如 a[3]、b[i]（i 为整型）、c[6*I]等。下标从 0 开始，一直到数组的长度减 1。对于上面例子中的 intArray 数组来说，它有 3 个元素，分别为：intArray[0]、intArray[1]、intArray[2]。

注意：没有 intArray[3]。

另外，与 C、C++中不同，Java 对数组元素要进行越界检查以保证安全性。同时，对于每个数组都有一个属性 length 指明它的长度，例如：intArray.length 指明数组 intArray 的长度。

```
public class ArrayTest{
    public static void main(String args[]){
        int i;
        int a[]=new int[5];
        for(i=0;i<5;i++)
        a[i]=i;
        for(i=a.length-1;i>=0;i--)
```

```
            System.out.println("a["+i+"]="+a[i]);
        }
    }
```

运行结果如下：

```
a[4]=4
a[3]=3
a[2]=2
a[1]=1
a[0]=0
```

该程序对数组中的每个元素赋值，然后按逆序输出。

对数组元素可以按照上述的例子进行赋值，也可以在定义数组的同时进行初始化。例如：

```
int a[]={1,2,3,4,5};
```

用逗号（,）分隔数组的各个元素，系统自动为数组分配一定空间。

2.4.3 数组的使用

我们将用 Fibonacci 数列的例子来具体说明一维数组的用法。Fibonacci 数列的定义为：F[1]=F[2]=1，F[n]=F[n-1]+F[n-2]（n>=3）。

例 2.3 Fibonacci 数列。

```
public class Fibonacci{
    public static void main(String args[]){
    int i;
        int f[]=new int[10];
        f[0]=f[1]=1;
        for(i=2;i<10;i++)
        f[i]=f[i-1]+f[i-2];
        for(i=1;i<=10;i++)
        System.out.println("F["+i+"]="+f[i-1]);
    }
}
```

运行结果为：

```
F[1]=1
F[2]=1
F[3]=2
F[4]=3
F[5]=5
F[6]=8
F[7]=13
F[8]=21
F[9]=34
F[10]=55
```

2.4.4 二维数组

与 C、C++一样，Java 中多维数组也被看作数组的数组。例如二维数组为一个特殊的一维数组，其每个元素又是一个一维数组。下面我们主要以二维数组为例来进行说明，高维的情况是类似的。

1. 二维数组的声明

二维数组的声明方式为：

```
type arrayName[][];
```

例如：

```
int intArray[][];
```

与一维数组一样，这时对数组元素也没有分配内存空间，使用运算符 new 来分配内存，然后才可以访问每个元素。

对二维数组来说，分配内存空间有下面几种方法：

（1）直接为每一维分配空间，如： int a[][]=new int[2][3];。

（2）从最高维开始，分别为每一维分配空间，如：

```
int a[][]=new int[2][];
a[0]=new int[3];
a[1]=new int[3];
```

（1）与（2）具有完全相同的功能。这一点与 C、C++是不同的，在 C、C++中必须一次指明每一维的长度。

2. 二维数组的创建

对二维数组中的每个元素，引用方式为：arrayName[index1][index2]，其中：index1、index2 为下标，为整型常数或表达式，如 a[2][3]等，同样，每一维的下标都从 0 开始。

有两种方式对二维数组进行初始化：

（1）直接对每个元素进行赋值。

（2）在定义数组的同时进行初始化。

如：int a[][]={{2,3},{1,5},{3,4}};。

定义了一个 3×2 的数组，并对每个元素赋值。

3. 二维数组的使用

例 2.4 两个矩阵 A（m×n）、B（n×l）相乘得到 C（m×l），每个元素 $c_{ij}=a_{ik}*b_{kj}$（i=1..m,n=1..n）。

```
public class MatrixMultiply{
    public static void main(String args[]){
        int i,j,k;
        int a[][]=new int[2][3];
        int b[][]={{1,5,2,8},{5,9,10,-3},{2,7,-5,-18}};
        int c[][]=new int[2][4];
        for(i=0;i<2;i++)
```

```
for(j=0;j<3;j++)
a[i][j]=(i+1)*(j+2);
for(i=0;i<2;i++){
for(j=0;j<4;j++){
c[i][j]=0;
for(k=0;k<3;k++)
c[i][j]+=a[i][k]*b[k][j];
}
}
System.out.println("\n***MatrixA***");
for(i=0;i<2;i++){
for(j=0;j<3;j++)
System.out.print(a[i][j]+"");
System.out.println();
}
System.out.println("\n***MatrixB***");
for(i=0;i<3;i++){
for(j=0;j<4;j++)
System.out.print(b[i][j]+"");
System.out.println();
}
System.out.println("\n***MatrixC***");
for(i=0;i<2;i++){
for(j=0;j<4;j++)
System.out.print(c[i][j]+"");
System.out.println();
}
}
}
```

其结果为：

```
***MatrixA***
2 3 4
4 6 8
***MatrixB***
1 5 2 8
5 9 10 -3
2 7 -5 -18
***MatrixC***
25 65 14 -65
50 130 28 -130
```

习　题

1．某百货商场当日消费积分最高的 8 名顾客的积分分别是：18、25、7、36、13、2、89、63。从这组数中找出最少的积分数以及它在数组中的原始位置。

提示：先声明数组存储这组积分数，然后求最小值及其所在的下标。

2．利用随机数生成一个整数数组，数组中有 10 个元素，每个元素的值都在 0～9 之间，打印该数组。

提示：使用 Math.random()方法可以生成一个随机小数 x(0<x<1)，然后将生成的数扩大 10 倍，循环多次就可以生成一个整数数组。

3

Java 面向对象编程基础

面向对象是Java语言的基础，也是Java语言的重要特性。本项目主要介绍面向对象编程的基础知识，包括类的定义、类与对象的关系、对象的生成与释放、方法的重载以及包语句等相关知识内容。

- 掌握类和对象的特征
- 理解封装
- 会创建和使用对象
- 能够独立编写方法

任务1　学习类和对象

在面向对象的编程语言中，类是一个独立的程序单位，是具有相同属性和方法的一组对象的集合。类是组成 Java 程序的基本要素，封装了一类对象的状态和方法。类是用来定义对象的模板。

3.1.1　类

在面向对象程序设计中，程序是由类构成的。类的定义由类名说明和类体说明两部分组成。

1. 类名说明

类名说明的完整格式如下：

```
[modifiers] class classname [extends superclassname] [implements interfacenamelist]
{
.......
}
```

modifiers：类修饰符，对所定义的类加以修饰。类修饰符有如下几种：

（1）权限修饰符：public。

（2）最终类修饰符：final。

（3）抽象类修饰符：abstract。

modifiers 为上述修饰符中任一个或它们的某种组合，定义类时可以有也可以没有 modifiers 说明。在定义类时若没有说明，则默认为非抽象的、非最终的、非公有的。

class：定义类用的关键字，要定义一个类必须用到 class 关键字。

classname：所定义的类的类名，为合法的标识符。

extends superclassname：继承关系说明项，说明所定义的类是继承名为 supername 类而得来的。定义一个类可以特别说明是从哪一个父类继承而来，也可以不加以说明。当没有用 extends superclassname 特别说明所继承的父类时，则所定义的类的父类是 Object。

implements interfacenamelist：说明所定义的类要实现的接口。要实现的接口可以是一个，也可以是多个，即一系列的接口，定义的类可以实现接口，也可以不实现接口。若不用 implements interfacenamelist 加以说明，则所定义的类没有实现任何接口。类的定义如下所示：

```
public class  类名 {
                //定义属性部分
                属性 1 的类型  属性 1;
                属性 2 的类型  属性 2;
                         …
                属性 n 的类型  属性 n;

                //定义方法部分
                方法 1;
                方法 2;
                        …
                方法 m;
}
```

定义一个类的步骤如下：

（1）定义类名。

（2）编写类的属性。

（3）编写类的方法。

例如：在不同的软件学校，会感受到相同的环境和教学氛围，用类的思想输出中心信息。

```
public class School {
    String schoolName;        //学校名称
    int classNumber;          //教室数目
    int labNumber;            //机房数目

    //定义学校的方法
    public void showCenter() {
        System.out.println(schoolName + "教授学生\n" + "配备："
            + classNumber + "教室" + labNumber + "机房");
    }
}
```

给类命名时，最好遵守以下规则：

（1）类的名字不能是 Java 中的关键字，要符合标识符规定，即名字可以由字母、下划线、数字或美元符号组成，并且第一个字符不能是数字。

（2）如果类名使用拉丁字母，那么名字的首字母使用大写字母，如 Hello、Time、People 等。

（3）类名最好容易识别，当类名由几个“单词”复合而成时，每个单词的首字母使用大写，如 BeijingTime、AmericanGame、HelloChina 等。

2. 类体说明

编写类的目的是为了描述一类事物共有的属性和功能，描述过程由类体来实现。类声明之后的一对大括号“{”、“}”以及它们之间的内容称为类体，大括号之间的内容称为类体的内容.类体的说明就是类的数据成员和成员方法的说明。

类体由成员变量和成员方法组成，一般成员变量在成员方法的前面声明，也可以在方法后声明。成员变量有两种，即普通成员变量和静态成员变量，我们称普通成员变量为类的成员变量，静态成员变量为类变量。

（1）成员变量

成员变量的类型可以是 Java 中的任何一种数据类型，包括基本类型：整型、浮点型、字符型；引用类型：数组类型、对象等。

成员变量声明的完整格式为：

```
class classname
{
[variablemodifiers] type variablename;
.....。
}
```

variablemodifiers：是变量修饰符，variablemodifiers 修饰符有如下几种：

- 访问权限修饰符：public、protected、private 三种。
- 静态变量（又称类变量）修饰符：static，说明一个变量是共享变量即类变量。
- 常量说明符：final，作用是将变量声明为一个值不变的常量。

在变量定义部分所定义的变量被称为类的成员变量，在方法体中定义的变量被称为局部变量。成员变量在整个类内都有效，局部变量只在定义它的方法内有效。

成员变量和局部变量的名字也要符合标识符规定，遵守命名习惯。名字如果使用拉丁字母，首字母使用小写；如果由多个单词组成，从第 2 个单词开始的其他单词的首字母使用大写。

如果局部变量的名字与成员变量的名字相同，则成员变量被隐藏，即这个成员变量在这个方法内暂时失效。这时如果想在该方法内使用成员变量，必须使用关键字 this。

例子：

```
Class triangle
{
        float sideA,sideB,sideC,lengthsum;
        void setSide(float sideA, float sideB, float sideC)
        {       this.sideA=sideA;
                this.sideB=sideB;
                this.sideC=sideC;
        }
}
```

此例中 this.sideA、this.sideB、this.sideC 分别表示成员变量 sideA、sideB、sideC。

（2）成员方法

成员方法描述对象所具有的功能或操作，反映对象的行为，是具有某种相对独立功能的程序模块。它与子程序、函数等概念相当。

一个类或对象可以有多个成员方法，对象通过执行它的成员方法对传来的消息作出响应，完成特定的功能。成员方法一旦定义，便可在不同的程序段中多次调用，故可增强程序结构的清晰度，提高编程效率。

在 Java 程序中，成员方法的声明只能在类中进行，格式如下：

```
[修饰符]返回值的类型 成员方法名(形式参数表) throw [异常表]
{
 //说明部分
 //执行语句部分
}
```

成员方法的声明包括成员方法头和成员方法体两部分。成员方法头确定成员方法的名字、形式参数的名字和类型、返回值的类型、访问限制和异常处理等；成员方法体由包括在花括号内的说明部分和执行语句部分组成，它描述该方法功能的实现。

在成员方法头中：

修饰符：可以是公共访问控制符 public、私有访问控制符 private、保护访问控制符 protected 等访问权限修饰符，也可以是静态成员方法修饰符 static、最终成员方法修饰符 final、本地成员方法修饰符 native、抽象成员方法修饰符 abstract 等非访问权限修饰符。访问权限修饰符指出满足什么条件时该成员方法可以被访问。非访问权限修饰符指明数据成员的使用方式。

返回值的类型：返回值的类型用 Java 允许的各种数据类型关键字（int、float 等）指明成员方法完成其所定义的功能后，运算结果值的数据类型。若成员方法没有返回值，则在返回值的类型处应写上 void 关键字，以表明该方法无返回值。

成员方法名：是用户遵循标识符定义规则命名的标识符。

形式参数表：成员方法可分为带参成员方法和无参成员方法两种。对于无参成员方法来说，无形式参数表这一项，但成员方法名后的一对圆括号不可省略；对于带参成员方法来说，形式参数表指明调用该方法所需要的参数个数、参数的名字及其参数的数据类型，其格式为：

(形式参数类型 1 形式参数名 1,形式参数类型 2 形式参数名 2,…)。

throw [异常表]：它指出当该方法遇到一些方法设计者未曾想到的问题时如何处理。

在一个方法体内可以定义本方法所使用的变量，即局部变量，它的生存期与作用域是在本方法内，离开本方法则这些变量被自动释放。另外，也可以在复合语句中定义变量，这些变量只在复合语句中有效，这种复合语句也被称为程序块。在方法体内定义变量时，变量前不能加修饰符；局部变量在使用前必须明确赋值，否则编译时会出错。

若方法有返回值，则在方法体中用 return 语句指明要返回的值。其格式为：

return 表达式;或 return(表达式);

表达式可以是常量、变量、对象等。return 语句后面表达式的数据类型必须与成员方法头中给出的“返回值的类型”一致。

（3）成员方法的引用

成员方法可以作为一个独立的语句被引用，也可以作为表达式中的一部分通过表达式被引用。成员方法还可以通过对象来引用，这里有双重含义，一是通过形如“对象名.方法名”的形式来引用对象，二是当一个对象作为成员方法的参数时，通过这个对象参数来引用对象的成员方法。另外，一个成员方法也可以作为另一个成员方法的参数被引用。一般来说，成员方法的引用格式如下：

成员方法名(实参列表)

在引用成员方法时应注意以下几点：

（1）对于无参成员方法来说，是没有实际参数列表的，但方法名后的括号不能省略。

（2）对于带参成员方法来说，实参的个数、顺序以及它们的数据类型必须与形式参数的个数、顺序以及它们的数据类型保持一致，各个实参间用逗号分隔。实参名与形参名可以相同也可以不同。

（3）实际参数也可以是表达式，此时一定要注意使表达式的数据类型与形参的数据类型相同，或者使表达式的类型按 Java 类型转换规则能够达到形参指明的数据类型。

（4）变量对形参变量的数据传递是“值传递”，即只能由实参传递给形参，而不能由形参传递给实参。程序中执行到引用成员方法时，Java 把实参值拷贝到一个临时的存储区（栈）中，形参的任何修改都在栈中进行，当退出该成员方法时，Java 自动清除栈中的内容。

```
class People
{       int money;
        void setMoney(int n)
        {       money=n;
        }
```

```
    }
    class A
    {       void f(double y,People p)
            {       y=y+1;
                    p.setMoney(100);
                    System.out.println("参数 y 的值是:"+ y);
                    System.out.println("参数对象 p 的 money 是:"+ p.money);
            }
    }
    public class example
    {       public static void main(String args[])
            {       double y=0.8;
                    People zhang=new People();
                    zhang.setMoney(8888);
                    A a=new A();
                    System.out.println("在方法 f 被调用之前对象 zhang 的 money 是:"+zhang.money+ "y 的值是:"+ y);
                    a.f(y,zhang);
                    System.out.println("在方法 f 被调用之后 main 方法中 y 的值仍然是:"+ y);
                    System.out.println("在方法 f 被调用之后 main 方法中对象 zhang 的 money 是:"+zhang.money);
            }
    }
```

结果输出如下：

```
在方法 f 被调用之前对象 zhang 的 money 是:8888 y 的值是：0.8
参数 y 的值是：1.8
参数对象 p 的 money 是：100
在方法 f 被调用之后 main 方法中 y 的值仍然是：0.8
在方法 f 被调用之后 main 方法中对象 zhang 的 money 是：100
```

当一个方法引用另一个方法时，这个被引用的方法必须是已经存在的方法，如果被引用的方法存在于本文件中，而且是本类的方法，则可直接引用；如果被引用的方法存在于本文件中，但不是本类的方法，则要考虑类的修饰符与方法的修饰符来决定是否能引用。

如果被引用的方法不是本文件的方法而是 Java 类库的方法，则必须在文件的开头处用 import 命令将引用有关库方法所需要的信息写入本文件中。

如果被引用的方法是用户在其他文件中自己定义的方法，则必须通过加载用户包的方式来引用。

用 static 修饰符修饰的方法被称为静态方法，它是属于整个类的类方法。不用 static 修饰符限定的方法，是属于某个具体类对象的方法。引用静态方法时，可以使用对象名做前缀，也可以使用类名做前缀。static 方法只能访问 static 数据成员，不能访问非 static 数据成员，但非 static 方法可以访问 static 数据成员；static 方法只能访问 static 方法，不能访问非 static 方法，但非 static 方法可以访问 static 方法。

main 方法是静态方法。在 Java 的每个 Application 中，都必须有且只有一个 main 方法，它是 Application 运行的入口点。

Java 类库提供的实现常用数学函数运算的标准数学函数方法都是 static 方法。标准数学函数方法在 java.lang.Math 类中，使用方法比较简单，格式如下：

类名.数学函数方法名(实参列表)

用 final 修饰符修饰的方法称为最终方法，如果某个方法被 final 修饰符所限定，则该类的子类就不能覆盖父类的方法，即不能再重新定义与此方法同名的自己的方法，而仅能使用从父类继承来的方法。

使用 final 修饰方法，就是为了给方法"上锁"，防止任何继承类修改此方法，保证了程序的安全性和正确性。

注意：final 修饰符也可用于修饰类，而当用 final 修饰符修饰类时，所有包含在 final 类中的方法，都自动成为 final 方法。

使用修饰符 native 修饰的方法称为本地方法，此方法使用的目的是为了将其他语言（如 C、C++、Fortran、汇编等）编写的模块嵌入到 Java 语言中。这样，Java 可以充分利用已经存在的其他语言的程序功能模块，避免重复编程。在 Java 程序中使用 native 方法时应该特别注意平台问题。

由于 native 方法嵌入其他语言书写的模块是以非 Java 字节码的二进制代码形式嵌入 Java 程序的，而这种二进制代码通常只能运行在编译生成它的平台上，所以整个 Java 程序的跨平台性能将受到限制或破坏，除非 native 方法引入的代码是跨平台的。

3.1.2　对象

类给出了属于该类的全部对象的抽象定义，而对象则是符合这种定义的一个实体。可以把类与对象之间的关系看成是抽象与具体的关系。在面向对象的程序设计中，对象被称作类的一个实例（Instance），而类是对象的模板（Template）。类是抽象的，不占用内存，而对象是具体的，占用存储空间。

类名可以作为变量的类型来使用，如果一个变量的类型是某个类，那么它将指向这个类的实例，称为对象实例。所有对象实例和它们的类型都是相容的。就像可以把 byte 型的值赋给 int 型的变量一样，你可以把 Object 的子类的任何实例赋给一个 Object 型的变量。每个实例也可以作为一个对象。当你定义一个变量的类型是某个类时，它的缺省值是 null，null 是 Object 的一个实例。对象 null 没有值，它和整数 0 不同。例如：

```
University u;
```

这里，声明变量 u 的类型是类 University，变量 u 的值是 null。

对象通常有下面几个生成过程，首先是对象创建，然后是对象的活动期，最后是对象的清除。

1. 对象的创建

要创建一个对象，必须先定义一个类。定义一个类后，就可以创建该类的对象了。创建对象通过运算符 new 和与类同名的类构造方法来进行。创建对象的格式为：

new 构造方法名;

例如，创建一个字符串对象，即 String 类的实例对象：

```
new String("hello");
```

我们可以直接使用创建的对象来访问对象的成员变量和方法。

```
int a;
a=(new String("hello")).length();
```

可以看出，直接用创建的对象访问对象的方法是不方便的。我们可以用类名来声明一个该类类型的变量，使用该变量来访问创建的对象。例如：

```
String stringvariable;
stringcariable=new String("hello"); /*使变量引用实例对象称为对变量的实例化*/
int a;
a=stringvariable.length();
```

一个对象可以同时被多个变量引用，这些变量指向同一个实例对象。使用任何一个变量都可以操作该实例对象。下面将介绍创建对象以及对对象进行引用的常用格式：

第一种：

```
classname objectname;
objectname=new classname();
```

classname：是已经定义的类的类名；

objectname：声明的对象名，通过对象名来使用对象。

第二种：

```
classname objectname=new classname();
```

第三种：

```
classname objectname1;
classname objectname2;
objectname1=new classname();
objectname2=objectname1;
```

2. 对象的使用

创建对象的目的就是能够使用对象，一个实例对象具有它的属性和方法。属性就是它的成员数据，通过对成员数据的访问，我们可以知道对象的属性（如它的状态、位置等）信息；通过对对象方法的访问，我们就能让对象完成一定的功能，这正是对象设计的目的所在。在面向对象的程序设计中，程序对对象的访问是通过向对象发送消息实现的，Java 对象之间的通信也是通过消息机制完成的。例如，有如下类：

```
class Computer
{
    int speed=133;
    int crt=14;
    void PrintInformation(){
    System.out.println("speed is"+speed);
    System.out.println("crt's size is"+crt);
    }
}
```

现在可以用这个类来创建它的实例对象，如：Computer computer1=new Computer();，这样就创建了 Computer 的一个实例。通过向对象发送消息，对象接收到消息就会执行相应的动作。如果想要 Computer1 对象将它的信息打印出来，我们便向它发送一条打印的消息：computer1.PrintInformation();，当对象接收到消息，分析这条消息是要它调用 PrintInformation() 方法执行打印动作，然后执行该动作，并将对象的信息打印出来。

向对象发送消息的一般语法格式为：object.objectmember;。

object：是创建的实例对象的名字，以便确定是向谁发送消息；objectmember：发送的消息内容，以便让对象知道是执行什么样的操作。objectmember 可以是成员方法名，也可以是成员变量名。

3. 对象的释放

Java 采用垃圾自动回收机制，不需要程序员去设计存储管理器。若没有自动垃圾回收机制，程序员必须要自己为对象分配内存，对对象进行跟踪和标志对象，以便将无用的对象释放。当创建的对象较多时，这样的工作是繁琐而复杂的。Java 的自动垃圾回收能很好地管理内存，当对象在使用时，在对象上加上标志；若一个对象长久没有作用，将失去标志，则自动把它当作垃圾回收，其所占的存储空间可供其他对象使用。Java 的自动垃圾回收机制使程序能够安全稳定地运行。

3.1.3 类的构造方法

构造方法是类在创建实例时要执行的方法，如果类中没有定义构造方法，Java 编译器会为类自动添加一个无参的构造方法。

ClassName(){}

构造方法的名称必须与类名一样，而且构造方法没有返回值；当类中已经创建了构造方法，编译器就不必为类自动创建构造方法；但创建一个带参数的构造方法后，还必须同时要创建一个不带参数的构造方法。

例 3.1 Father.java

```
public abstract class Father{
   private int age;
   public Father(){
      System.out.println("This is Father.");
   }
   public Father(int age){
      this();
      this.age = age;
   }
}

//Child.java
public class Child extends Father{
   public Child(){
```

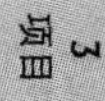

```
    }
    public static void main(String[] args){
        Child child = new Child();
    }
}
```

本例中，运行会打印输出“This is Father.”。子类 Child 的显式父类是 Father，Father 的隐式父类是 Object，则构造方法回调如下：

main()方法使用子类隐式构造方法 Child()，Child()中隐含调用 super()（即 Father()方法），Father()中隐含调用 super()（即 Object()），而后遵循 Object()方法→Father()方法→Child()方法的执行顺序。

注意：本例编译通过的关键在于，父类有不带参数的构造方法。

构造方法规则：

（1）构造方法的方法名必须与类名完全相同，包括大小写。

（2）构造方法一定不能具有返回值类型，方法体内允许、但不推荐包含“return;”语句。

（3）构造方法只能使用访问权限修饰符，并且可以使用任何访问权限修饰符。private 修饰的构造方法要求只有该类自身内的代码才能实例化这种类型的对象。若想在外部允许使用该类的实例对象，该类必须提供静态方法或变量，再通过它们访问该类内部创建的实例对象。

（4）构造方法可以抛出异常。

（5）若类中无显式构造方法，编译器会自动生成默认的构造方法。默认的构造方法参数列表为空，方法体没有任何语句（或者可以认为隐含“super();”语句），访问权限与类的访问权限一致。若显式定义了构造方法，默认的构造方法将不存在。

（6）构造方法不被继承。

（7）抽象类有构造方法，并且总是当第一个具体子类被实例化时才调用。

（8）父类中没有无参构造方法时，子类必须有显式的构造方法。

（9）构造方法只能被重载，不能被重写。

（10）super()或者 this()只能出现在构造方法内，并且一定要位于方法体的第一句，因此，super()和 this()不能同时出现在一个构造方法内。

（11）调用构造方法的唯一途径是从另一个构造方法内调用。

（12）构造方法存在回调现象，即实例化子类对象的时候，会回溯父类构造方法，直至 Object 类。父类构造方法运行以后，子类对象才能调用实例方法或者访问实例变量。

（13）接口没有构造方法。

3.1.4 类的访问权限

Java 的类都属于某一个包，一般将相关功能的类组织在同一个包中，同一个包中的类往往能相互访问。对类的访问要检查要访问类的权限，若试图去使用一个没有访问权限的类，就会出现编译错误。Java 用类的使用权限来管理类，确定该类的有效作用范围，保证类得到正确安全的使用。

定义类时可以用权限修饰符来说明类的权限。类权限修饰符为 public；当没有用权限修饰符明确说明时，则类的隐含权限为 friendly，friendly 不是 Java 的关键字，不能用来说明类的权限。类的权限在类的定义时加以说明，根据类定义的格式我们可以定义如下形式的类：

```
[rightmodifier] class classname
{......
}
```

rightmodifier：为类权限修饰符。类权限修饰符为 public，若用 public 说明，则该类可以被包中其他类、对象及包外的类和对象访问；当没有明确定义类的权限时，为 friendly 权限，只能被与它在同一包中的类访问。

注意：不能用 protected 和 private 修饰类。

类中的成员数据都有自己的权限，要访问类的成员变量，首先要检验类的成员数据的权限。没有权限的对象访问时编译程序会报错，编译通不过，保证了数据的安全性。成员变量的权限和类的权限一样，通过权限修饰符说明。成员变量的修饰符有：private、protected、public。

根据成员变量声明的语法格式，声明如下一个类：

```
class classname
{
    public int publicvariable;
    protected int protectedvariable;
    private int privatevariable;
    ......
}
```

类中成员变量的访问权限共有四种，即 private、protected、public、friendly。

public：Java 语言中访问限制最宽的修饰符，一般称之为“公共的”。被其修饰的类、属性以及方法不仅可以跨类访问，而且允许跨包（package）访问。

private：Java 语言中对访问权限限制最窄的修饰符，一般称之为“私有的”。被其修饰的类、属性以及方法只能被该类的对象访问，其子类不能访问，更不能允许跨包访问。

protect：介于 public 和 private 之间的一种访问修饰符，一般称之为“保护型”。被其修饰的类、属性以及方法只能被类本身的方法及子类访问，即使子类在不同的包中也可以访问。

friendly：即不加任何访问修饰符，通常称为“友好的”。具有 friendly 权限的成员变量能够被与它在同一个包中的其他的类访问。

下面通过一组例子来比较它们之间的区别。

例 3.2　ModiferDemo.java

```
package com.myl;
public class ModiferDemo{ //四种访问权限的变量（属性）
  private int a;
  int b;//friendly
  protected int c;
  public int d; //访问属性的接口
```

```
    public int getA(){
        return a;
    }
    public void setA(int a){
        this.a = a;
    }
}
```

测试用例 1：TestModiferDemo1.java

```
import com.myl.ModiferDemo;
class TestModiferDemo1{
    public static void main(String[] args){
        ModiferDemo obj = new ModiferDemo();
        System.out.println(" a is " + obj.a);//error！ private 访问权限只能在类体中可见
        System.out.println(" b is " + obj.b);//error！ friendly 访问权限同包中的其他类可以访问
        System.out.println(" c is " + obj.c);//error！ protected 访问权限，子类中可以访问
        System.out.println(" d is " + obj.d);
    }
}
```

测试用例 2：TestModiferDemo2.java

```
import com.myl.ModiferDemo;
class TestModiferDemo2 extends ModiferDemo{
    public static void main(String[] args){
        ModiferDemo obj = new ModiferDemo();
        System.out.println(" a is " + obj.a);//error！ private 访问权限只能在类体中可见
        System.out.println(" b is " + obj.b);//error！ friendly 访问权限同包中的其他类可以访问
        System.out.println(" c is " + obj.c);//正确！ protected 访问权限，子类中可以访问
        System.out.println(" d is " + obj.d);
    }
}
```

测试用例 3：TestModiferDemo3.java

```
package com.myl;
import com.myl.ModiferDemo;
class TestModiferDemo3{
    public static void main(String[] args){
        ModiferDemo obj = new ModiferDemo();
        System.out.println(" a is " + obj.a);//error！ private 访问权限只能在类体中可见
        System.out.println(" b is " + obj.b);//正确！ friendly 访问权限同包中的其他类可以访问
        System.out.println(" c is " + obj.c);//protected 访问权限，同包中的其他类也可以访问
        System.out.println(" d is " + obj.d);
    }
}
```

测试用例 4：TestModiferDemo4.java

```
package com.glust.blog.j2se;
import com.glust.blog.j2se.ModiferDemo;
class TestModiferDemo4{
    public static void main(String[] args){
```

```
        ModiferDemo obj = new ModiferDemo();
        System.out.println(" a is " + obj.getA());//正确！通过接口访问 private 权限的属性
        System.out.println(" b is " + obj.b);//正确！friendly 访问权限同包中的其他类可以访问
        System.out.println(" c is " + obj.c);//protected 访问权限，同包中的其他类也可以访问
        System.out.println(" d is " + obj.d);
    }
}
```

由上面的一组例子可知，成员变量的四种访问权限的作用范围如表 3-1 所示。

表 3-1　访问权限

	同一个类	同一个包	不同包的子类	不同包的非子类
private	√			
friendly	√	√		
protected	√	√	√	
public	√	√	√	√

访问权限使用的一般规则：

（1）属性一般都设为 private，符合信息隐藏原则；希望被继承的子类访问的设为 protected；同包的其他类可以访问的设为 friendly；一般不设为 public。接口中的属性默认是 public。

（2）通过 public 为属性提供访问方法：获取属性，即读：getXxx()；设置属性，即写：setXxx(type arg)。

（3）若为类内部调用的方法，设为 private。其他应设为 public。

（4）类的访问权限只能是 public 或 friendly，但是内隐类的访问权限四种均可。同一个文件中有多个类时，只有一个类为 public 权限（该类类名与文件同名，大小写一致），其他类都为 friendly 权限。

3.1.5　static 关键字

static 关键字用来定义一个类成员，使它的使用完全独立于该类的任何对象。通常情况下，类成员必须通过它的类的对象访问，但是可以创建这样一个成员，它能够被自己使用，而不必引用特定的实例。在成员的声明前面加上关键字 static（静态的）就能创建这样的成员。如果一个成员被声明为 static，它就能够在它的类的任何对象创建之前被访问，而不必引用任何对象。你可以将方法和变量都声明为 static。static 成员的最常见的例子是 main()。因为在程序开始执行时必须调用 main()，所以它被声明为 static。

声明为 static 的变量实质上就是全局变量。当声明一个对象时，并不产生 static 变量的拷贝，而是该类所有的实例变量共同拥有一个 static 变量。声明为 static 的方法有以下几条限制：

- 它们仅能调用其他的 static 方法。
- 它们只能访问 static 数据。

- 它们不能以任何方式引用 this 或 super（关键字 super 与继承有关）。

例 3.3 类有一个 static 方法，一些 static 变量，以及一个 static 初始化块。

```
class UseStatic{
    static int a=3;
    static int b;
    static void meth(int x) {
        System.out.println("x="+x);
        System.out.println("a="+a);
        System.out.println("b="+b);
    }
    static {
        System.out.println("Static block initialized.");
        b=a*4;
    }
        public static void main(String args[]){
        meth(42);
    }
}
```

程序输出：

```
Static block initialized。
x = 42
a = 3
b = 12
```

一旦 UseStatic 类被装载，所有的 static 语句被运行。首先，a 被设置为 3，接着 static 块执行（打印一条消息），最后，b 被初始化为 a*4 或 12。然后调用 main()，main()调用 meth()，把值 42 传递给 x，3 个 println()依次执行。语句引用两个 static 变量 a 和 b，以及局部变量 x。

注意：在一个 static 方法中引用任何实例变量都是非法的。

习　题

1．简述什么是类，什么是对象以及类和对象之间的区别。

2．老师要求小蔡使用面向对象的思想编写一个计算器，可以实现两个数的加、减、乘、除运算。如果你是小蔡，如何实施？写出你的思路。

提示：首先在场景中抽象出类；然后找到它的属性和方法。

3．编写一个类 Student，代表学员，要求如下：

具有属性：姓名、年龄，其中年龄不能小于 16 岁，否则输出错误信息。

具有方法：自我介绍，输出该学员的姓名、年龄。

编写测试类 StudentTest 进行测试，看是否符合要求。

提示：在学员类的 SetAge()方法中验证年龄大小。

在测试类中分别测试学员年龄小于 16 岁、大于 16 岁时的输出结果。

任务 2 学习方法重载

3.2.1 方法的重载

在 Java 中，同一个类中的两个或两个以上的方法可以有同一个名字，只要它们的参数声明不同即可，称为重载（overload）。方法重载是 Java 实现多态性的一种方式。重载的意义在于扩展父类的功能，如果有两个类 A 和 B，继承 C，那么在 C 的方法中只需要定义 A 和 B 相同的功能，而在各个子类中扩展子类具体的实现。

当一个重载方法被调用时，Java 用参数的类型和（或）数量来表明实际调用的重载方法的版本。因此，每个重载方法的参数的类型和（或）数量必须是不同的。虽然每个重载方法可以有不同的返回类型，但返回类型并不足以区分所使用的是哪个方法。当 Java 调用一个重载方法时，参数与调用参数匹配的方法被执行。

例 3.4 说明方法重载的简单例子。

```
//方法重载实例
class OverloadDemo {
void test() {
System.out.println("No parameters");
}
//带有一个参数的方法重载
void test(int a) {
System.out.println("a: " + a);
}
//带有两个参数的方法重载
void test(int a,int b) {
System.out.println("a and b: " + a + " " + b);}
//带有 double 类型参数的方法重载
double test(double a) {
System.out.println("double a: " + a);
return a*a; }
}
class Overload {
public static void main(String args[]) {
OverloadDemo ob = new OverloadDemo();
double result;
//测试 test 方法
ob.test();ob.test(10);ob.test(10,20);result = ob.test(123.25);
System.out.println("Result of ob.test(123.25): " + result);
}
}
```

该程序的输出结果如下：

```
No parameters
a:10
a and b: 10 20
double a: 123.5
Result of ob.test(123.25): 15190.5625
```

从上述程序可见，test()被重载了四次。第一个版本没有参数，第二个版本有一个整型参数，第三个版本有两个整型参数，第四个版本有一个 double 型参数。由于重载不受方法的返回类型的影响，因此第四个版本也返回了一个和重载没有因果关系的值。

当一个重载的方法被调用时，Java 在调用方法的参数和方法的自变量之间寻找匹配。但是，这种匹配并不总是精确的。在一些情况下，Java 的自动类型转换也适用于重载方法的自变量。例如，看下面的程序：

```
// Automatic type conversions apply to overloading。
class OverloadDemo {
    void test() {
    System.out.println("No parameters");
    }
    // Overload test for two integer parameters。
    void test(int a,int b) {
    System.out.println("a and b: " + a + " " + b);
    }
    // overload test for a double parameter
    void test(double a) {
    System.out.println("Inside test(double) a: " + a);
    }
}
class Overload {
    public static void main(String args[]) {
    OverloadDemo ob = new OverloadDemo();
    int i = 88;
    ob.test();ob.test(10,20);
    ob.test(i); // this will invoke test(double)
    ob.test(123.2); //this will invoke test(double)
    }
}
```

该程序产生如下输出：

```
No parameters
a and b: 10 20
Inside test(double) a: 88
Inside test(double) a: 123.2
```

在本例中，OverloadDemo 这个版本没有定义 test(int)。因此当在 Overload 内带整型参数调用 test()时，找不到和它匹配的方法。但是，Java 可以自动地将整数转换为 double 型，这种转换就可以解决这个问题。因此，在 test(int)找不到以后，Java 将 i 转换到 double 型，然后调用 test(double)。当然，如果定义了 test(int)，当然先调用 test(int)而不会调用 test(double)。只有在找不到精确匹配时，Java 的自动转换才会起作用。

方法重载支持多态性，因为它是 Java 实现“一个接口，多个方法”范型的一种方式。要理解这一点，必须考虑下面这段话：在不支持方法重载的语言中，每个方法必须有一个唯一的名字。但是，你经常希望实现数据类型不同但本质上相同的方法。可以参考绝对值函数的例子。在不支持重载的语言中，通常会含有这个函数的三个及三个以上的版本，每个版本都有一个差别甚微的名字。例如，在 C 语言中，函数 abs()返回整数的绝对值，labs()返回 long 型整数的绝对值()，而 fabs()返回浮点值的绝对值。尽管这三个函数的功能实质上是一样的，但是因为 C 语言不支持重载，每个函数都要有它自己的名字，就使得概念情况复杂许多。尽管每一个函数潜在的概念是相同的，你仍然不得不记住这三个名字。在 Java 中就不会发生这种情况，因为所有的绝对值函数可以使用同一个名字。确实，Java 的标准类库包含一个绝对值方法，叫做 abs()。这个方法被 Java 的 math 类重载，用于处理数字类型。Java 可根据参数类型决定调用的 abs()的版本。

重载的价值在于它允许相关的方法可以使用同一个名字来访问，简化调用操作。因此，abs 这个名字代表了它执行的通用动作（general action）。为特定环境选择正确的指定（specific）版本是编译器要做的事情。作为程序员的你，只需要记住执行的通用操作就行了。通过多态性的应用，几个名字减少为一个。尽管这个例子相当简单，但如果将这个概念扩展一下，你就会理解重载能够帮助你解决更复杂的问题。

当你重载一个方法时，该方法的每个版本都能够执行你想要的任何动作。没有什么规定要求重载方法之间必须互相关联。但是，从风格上来说，方法重载还是暗示了一种关系。这就是当你能够使用同一个名字重载无关的方法时，你不应该这么做。例如，你可以使用 sqr 来创建一种方法，该方法返回一个整数的平方和一个浮点数值的平方根。但是这两种操作在功能上是不同的。按照这种方式命名方法就违背了重载的初衷。在实际的编程中，你应该只重载相互之间关系紧密的操作。

3.2.2 构造方法的重载

除了重载普通的方法外，构造方法也能够重载。实际上，对于大多数类，重载构造方法是很常见的，并不是什么例外。为了理解为什么会这样做，让我们举一个 Box 类的例子：

```
class Box {
    double width; double height; double depth;
    // This is the constructor for Box。
    Box(double w,double h,double d) {
    width = w;
    height = h;
    depth = d;
    }
    // compute and return volume
```

```
        double volume() {
        return width * height * depth;
        }
}
```

在本例中，Box()构造方法需要三个自变量，这意味着定义的所有 Box 对象必须给 Box()构造方法传递三个参数。例如，下面的语句在当前情况下是无效的：

```
Box ob = new Box();
```

因为 Box()要求有三个参数，因此如果不带参数的调用它则认为是一个错误。这会引起一些重要的问题。如果你只想要一个盒子而不在乎（或知道）它的原始尺寸该怎么办，或者你仅仅想用一个值来初始化一个立方体，而该值可以被用作它的所有的三个尺寸又该怎么办？如果 Box 类是像现在这样写的，与此类似的其他问题你都没有办法解决，因为你只能带三个参数而没有别的选择权。

解决这些问题的方案就是重载 Box 构造方法，使它能处理刚才描述的情况。下面的程序是 Box 的一个改进版本，它就是运用对 Box 构造方法的重载来解决这些问题的。

```
/* Here，Box defines three constructors to initialize
the dimensions of a box various ways。
*/
class Box {
        double width; double height; double depth;
        // constructor used when all dimensions specified
        Box(double w,double h,double d) {
        width = w;
        height = h;
        depth = d;
        }
        // constructor used when no dimensions specified
        Box() {
        width = -1; // use -1 to indicate
        height = -1; // an uninitialized
        depth = -1; // box
        }
        // constructor used when cube is created
        Box(double len) { width = height = depth = len;}
        // compute and return volume
        double volume() { return width * height * depth;}
}
class OverloadCons {
        public static void main(String args[]) {
        // create boxes using the various constructors
        Box mybox1 = new Box(10,20,15);
        Box mybox2 = new Box();
        Box mycube = new Box(7);
        double vol;
        // get volume of first box
```

```
        vol = mybox1.volume();
        System.out.println("Volume of mybox1 is " + vol);
    }
}
```

该程序产生的输出如下所示：

```
Volume of mybox1 is 3000.0
Volume of mybox2 is -1.0
Volume of mycube is 343.0
```

习　题

1．设计 Bird、Fish 类，都继承自抽象类 Animal，实现其抽象方法 info()并打印它们的信息。要求画出类图。

提示：定义抽象类 Animal，具有 age 属性、info()方法。

定义 Bird 类，具有本身的特有属性 color。

定义 Fish 类，具有本身的特有属性 weight。

2．设计一个数学类，数学类中有加法，请在类中分别设计两个实数、两个整数、三个实数的方法。

任务 3　学习包的使用

为了更好地组织类，Java 提供了包机制。包是类的容器，用于分隔类名空间。Java 程序编译的类被放在包内，要访问类就要给出类所属的包名，来指明类是在哪一个包中，以便能够找到该类。

一个包中有许多类，同时还可以有子包如我们会在应用程序中经常用到 System.out.println()方法来输出结果。参看 Java 的包，我们知道 System 是一个类，它属于 lang 包；同时，lang 又属于 java 包。指明类的位置时，当没有用 import 语句，要访问 System 类就首先要指明在哪一个包中（用 Java 编写程序时，每一个源文件都默认用 import 语句将 java.lang 包中的所有类引入，所以可以直接用类名 System 来访问类）。Java 用小圆点“.”来说明包的这种包含关系，例如：lang.System 表示 System 类属于子包 lang，java.lang 表示子包 lang 属于 java 包，java 包是最外层包，即根包。这样 java.lang.System 已经完全表明了 System 包的层次关系，根据这种关系，就能够找到 System 类并访问它了。java.lang.System 称为访问类 System 的全限定名，用全限定名就可以访问类了，要访问类需要完全说明包的层次关系，例如 java 是最外层包，但 lang.System 不是类 System 的全限定名，不能用它来访问类 System。

当类有其静态成员变量和静态成员方法时，静态变量和静态方法能够被类直接访问，out 是 System 类的静态成员，out 有一个方法 println()。下面介绍怎样访问类的静态成员。

能够用类的全限定名访问类，同样可以通过类成员的全限定名访问类的成员，如 System

的成员 out 是一个对象，out 的全限定名为 java.lang.System.out，同时，对象 out 又有 println()方法，则 println()方法的全限定名为：java.lang.System.out.println()，通过该名可以访问 println()方法。

下面的程序是使用全限定名来访问方法的实例：

```
Mainclass{
    public static void main(String arg[]) {
        java.lang.String hello=new java.lang.String("hello world!");
        java.lang.System.out.println(hello);
    }
}
```

类的全限定名与类在文件系统中的存储结构即目录有对应关系，例如 java.lang.System 表示类 System 存储在 lang 目录中，lang 是 java 的子目录，java 是根目录。java.lang 对应的目录为：\java\lang。

当包的层次很多，而类处于较内层的包时，则类的全限定名较长，例如有下面的层次的包：school.department.class.group。有名为 fly 的类在包 group 中，model 类在包 department 中，则：fly 的全限定名为：school.department.class.group.fly。model 的全限定名为：school.department.model。

显然用这样的名字来操作类，将是非常麻烦的。因此，Java 提供了 import 语句，下面介绍包操作语句 package 和 import。

3.3.1 包语句

程序中如果有 package 语句，该语句一定是源文件中的第一条可执行语句，它的前面只能有注释或空行。一个文件中最多只能有一条 package 语句。

程序员可以使用包语句 package 指明源文件中的类属于哪个具体的包。包语句的格式为：

package pkg1[.pkg2[.pkg3…]];

包的名字有层次关系，各层之间以点分隔，包层次必须与 Java 开发系统的文件系统结构相同。通常包名中全部用小写字母，这与类名以大写字母开头，且各字的首字母大写的命名约定有所不同。

当使用包说明时，程序中无需再引用（import）同一个包或该包的任何元素。import 语句只用来将其他包中的类引入当前名字空间中，而当前包总是处于当前名字空间中。

如果文件声明如下：

```
package java.awt.Image
```

则此文件必须存放在 Windows 的 java\awt\image 目录下或 UNIX 的 java/awt/image 目录下。

3.3.2 import 语句

import 语句指明将要访问的类所在的包，以便在当前目录找不到时，在 import 语句指明的包中寻找，若还找不到类将出现编译错误。

包语句 import 的一般格式：

import pkg1[.pkg2[.pkg3…]] .(类名|*);

访问类时可以用全限定名，当要访问的类在同一个包中时，可以直接用要访问的类的类名代替全限定名进行操作。例如，已经定义了两个类 firstclass、secondclass，它们都属于 mylopbag.smallbag 包，在 secondclass 类中可以直接用 firstclass 代替全限定名。

当所要访问的类不在同一个包中时，就需要使用全限定名。全限定名往往很长，为此用 import 语句来减短访问类时用到的名字，指明要访问的类的位置。下面介绍 import 语句的两种用法。

众所周知，类 System 在子包 lang 中，子包 lang 在最外层包，即根包 java 中。

第一种用法：import java.lang.*;

表示引入java.lang包内的所有类，当要访问包中的类时，直接用类名，如直接用类名System 访问类 System。同时，类 System 中定义了 println()方法，用 System.println()就可以调用方法 println()。

第二种用法：import java.lang.System;

表示只引入 java.lang 包中的 System 类，访问包 java.lang 中的类时．只有 System 类能用类名来访问，包中的其他类则需要用全限定名来访问。

可以使用 System.println()调用 println()方法，其他类的成员则需要用成员的全限定来访问。用该语句能减少访问类时搜索的路径，提高运行的效率。

需要注意的是 import 语句引入的只能是类，不能是子包，例如：

```
import java.lang;
```

该语句在编译时就会出错，因为 lang 是 java 的一个子包不是类，而 Java 认为 lang 是一个类，这样会出现找不到 lang 类的提示。用户在编程时，系统默认在每个源文件头加入了下面的 import 语句：

```
import java.lang.*;
```

因此在用到该包中相关类时，无需用 import 语句在源文件的前面进行引用。一个源文件可以有多条 import 语句，均位于 package 语句后面。import 语句与 C 语言的 include 语句有本质的区别。import 语句只指明要用到的类所在的位置，以便能在用到时可以加载；而 C 语言用 include 语句将要用的文件包含在源文件中，作为源文件编译成一个模块。这体现了 Java 语言的特点，用户只需要将模块编译一次。当用户编写另一个模块用到已经编译的模块时，只要告诉编译程序它的位置，如用全限定名或者用 import 语句，编译程序无需再一次编译已经编译的模块，就能够将源文件编译通过。

例 3.5 假设有两个存放在 D:\src 下的源文件 Cited.java 和 Citing.java。

Cited.java 文件内的程序：

```
package classes.shang;
public class Cited{
    public void print(){
```

```
        System.out.println("Hello World!我是被调用子类的程序输出呀！");
        }
}
```

Citing.java 文件内的程序：

```
import classes.shang.Cited;
public class Citing{
        public static void main(String[] args) {
        Cited demo=new Cited();
        System.out.printf("\n 这是一个 pakage 语句和 import 语句的演示程序：我将调用 Cited 类，它会输出：\n\n");
        demo.print();
        }
}
```

该程序输出结果如下：

```
这是一个 pakage 语句和 import 语句的演示程序：我将调用 Cited 类，它会输出：
Hello World!我是被调用子类的程序输出呀！
```

可能出现的其他几种情况：

（1）运行命令：javac Cited.java。这种情况下生成 Cited.class 文件存放在当前文件夹下，即 D:\src 下，这里如有不明白可以参考 package 语句学习。当编译 Citing.java 时会提示以下错误：

```
Citing.java:1: 软件包 classes.shang 不存在
import classes.shang.Cited;
                    ^
Citing.java:6: 无法访问 Cited
错误的类文件： .\Cited.class
类文件包含错误的类： classes.shang.Cited
请删除该文件或确保该文件位于正确的类路径子目录中。
        Cited demo=new Cited();
        ^
2 错误。
```

这是因为 Citing.java 文件指明在 classes\shang 路径引用 Cited.class，在此类路径下仍然无法找到所要的类文件。

（2）运行命令：javac -d Cited.java。这种情况下在当前文件夹下生成 classes 文件夹，classes 文件夹下生成 shang 文件夹。Cited.class 文件存放在 shang 文件夹下，Cited.class 文件的路径即 D:\src\classes\shang。运行命令“javac Citing.java”可以成功，因为当前工作路径已经是 D:\src，编译程序首先搜索当前路径再结合 import 语句就可以找到 D:\src\classes\shang 下的 Cited.class 文件。当然也能运行成功，但这样失去 package 语句的作用，未能完全将源文件和类文件分开。存储类文件的 classes 文件夹在存储源文件的 src 文件夹下。

（3）注意到 Citing.java 中的 import 语句指明引用 Cited 类，若改为通配符*；运行命令：javac -d E:\ Cited.java，编译成功，可是当运行命令：javac Citing.java，就会出现如下提示错误：

```
Citing.java:6: 无法访问 Cited
错误的类文件： .\Cited.java
文件不包含类 Cited
请删除该文件或确保该文件位于正确的类路径子目录中。
```

```
        Cited demo=new Cited();
        ^
1 错误
```

我们已经设置了 classpath，怎么还会出现上面如无法访问、文件不包含类的错误呢？在 Java 系统中，系统定义好的类根据实现的功能不同，可以划分成不同的集合。每个集合称为一个包，所有包称为类库。

习　　题

在 Eclipse 中，学会使用包资源管理器管理项目。

4

Java 面向对象高级编程

本项目将要介绍类的定义、类的成员变量的定义和类的继承以及一些基础类的使用知识。通过本项目的学习，读者将进一步了解 Java 面向对象高级编程的一些基础知识。

- 了解什么是面向对象
- 熟悉 Java 中的类并能够进行类的操作
- 掌握成员变量和局部变量的区别
- 掌握 Java 程序中的方法的创建和使用

任务 1　学习继承的使用

继承是一种由已有的类创建新类的机制。利用继承，可以先创建一个共有属性的一般类，根据该一般类再创建具有特殊属性的新类，新类继承一般类的状态和行为，并根据需要增加它自己的新的状态和行为。由继承而得到的类称为子类，被继承的类称为父类（超类）。Java 不支持多重继承，即子类只能有一个父类。

4.1.1　Java 类的继承化

在类的声明中，通过使用关键字 extends 来声明一个类的子类，格式如下：

class 子类名 extends 父类名
    {…
}

例如

```
Class Student extends People
{…
}
```

把 Student 声明为 People 类的子类，People 是 Student 的父类。

如果一个类的声明中没有使用 extends 关键字，这个类被系统默认为 Object 的直接子类，Object 是 java.lang 包中的类。

类可以有两种重要的成员：成员变量和方法。子类的成员中有一部分是子类自己声明定义的，另一部分是从它的父类继承的。

那么，什么叫继承呢？所谓子类继承父类的成员变量作为自己的一个成员变量，就好像它们是在子类中直接声明一样，可以被子类中自己声明的任何实例方法操作，也就是说，一个子类继承的成员应当是这个类的完全意义的成员，如果子类中声明的实例方法不能操作父类的某个成员变量，该成员变量就没有被子类继承；如果子类继承父类的方法作为子类中的一个方法，就像它们是在子类中直接声明的一样，可以被子类中自己声明的任何实例方法调用。

1. 子类和父类在同一包中的继承性

如果子类和父类在一个包中，那么，子类自然地继承了其父类中不是 private 的成员变量作为自己的成员变量，并且很自然地继承了父类中不是 private 的方法作为自己的方法，继承的成员变量或方法的访问权限保持不变。

例 4.1

```
class Father
{   private int money;
    float weight,height;
    String head;
    void speak(String s)
  {  System.out.println(s);
   }
}
class Son extends Father
{   String hand,foot;
}
public class Example4_1
{   public static void main(String args[])
{   Son boy;
        boy=new Son();
        boy.weight=1.80f;
        boy.height=120f;
        boy.head="一个头";
        boy.hand="两只手  ";
```

```
            boy.foot="两只脚";
            boy.speak("我是儿子");
            System.out.println(boy.hand+boy.foot+boy.head+boy.weight+boy.height);
        }
    }
```

2. 子类和父类不在同一个包中的继承性

如果子类和父类不在同一个包中，那么，子类继承父类的 protected、public 成员变量作为子类的成员变量，并且继承了父类的 protected、public 方法作为子类的方法，继承的成员变量或方法的访问权限保持不变。如果子类和父类不在同一个包里，那么，子类不能继承父类的友好变量和友好方法。

3. protected 的进一步说明

一个类 A 中的 protected 成员变量和方法可以被它的直接子类和间接子类继承，比如 B 是 A 的子类，C 是 B 的子类，D 又是 C 的子类，那么 B、C 和 D 类都继承了 A 的 protected 成员变量和方法。如果用 D 类在 D 本身中创建了一个对象，那么该对象总是可以通过“.”运算符访问继承的或自己定义的 protected 变量和 protected 方法，但是如果在另外一个类中，比如 Other 类，用 D 类创建了一个对象 object，该对象通过“.”运算符访问 protected 变量和 protected 方法的权限如下所述：

（1）子类 D 中声明的 protected 成员变量和方法，不可能是从别的类继承来的，object 访问这些非继承的 protected 成员变量和方法时，只要 Other 类和 D 类在同一个包中就可以了。

（2）如果子类 D 的对象的 protected 成员变量或 protected 方法是从父类继承的，那么就要一直追溯到该 protected 成员变量或方法的“祖先”类，即 A 类，如果 Other 类和 A 类在同一个包中，object 对象能访问继承的 protected 变量和 protected 方法。

4.1.2 成员变量的隐藏和方法的重写

子类可以从父类继承成员变量，也可以隐藏继承的成员变量，只要子类中定义的成员变量和父类中的成员变量同名时，与父类的成员变量同名是指子类重新声明定义的这个成员变量，子类就隐藏了继承的成员变量，即子类对象以及子类自己声明定义的方法操作。

子类通过方法重写来隐藏继承的方法。方法重写是指：子类中定义了一个方法，并且这个方法的名字、返回类型、参数个数和类型与从父类继承的方法完全相同。子类通过方法的重写可以把父类的状态和行为改变为自身的状态和行为。如果父类的方法 f 可以被子类继承，子类就有权利重写 f，一旦子类重写了父类的方法 f，就隐藏了继承的方法 f，那么子类对象调用方法 f 一定是调用重写的方法 f，重写的方法既可以操作继承的成员变量也可以操作子类声明的成员变量。如果子类想使用被隐藏的方法，必须使用关键字 super。在下面的例子中，子类重写了父类的方法 f。

例 4.2

```
class Chengji
{   float f(float x,float y)
```

```
    {    return x*y;
     }
}
class Xiangjia    extends Chengji
{   float f(float x,float y)
{    return x+y ;
     }
}
public class Example4_2
{   public static void main(String args[])
 {     Xiangjia sum;
       sum=new Xiangjia();
       float c=sum.f(4,6);
       System.out.println(c);
   }
}
```

运行结果为：

```
10.0
```

对于子类创建的一个对象，如果子类重写了父类的方法，则运行时系统调用子类重写的方法，如果子类继承了父类的方法（未重写），那么子类创建的对象也可以调用这个方法，只不过方法产生的行为和父类的相同而已，如下面的例子。

例 4.3

```
class Area
{   float f(float r )
    {   return 3.14159f*r*r;
    }
    float g(float x,float y)
    {   return x+y;
    }
}
class Circle extends Area
{     float f(float r)
      { return 3.14159f*2.0f*r;
      }
}
public class Example4_3
{   public static void main(String args[])
    {   Circle yuan;
        yuan=new Circle();
        float length=yuan.f(5.0f);
        float sum=yuan.g(232.645f,418.567f);
        System.out.println(length);
        System.out.println(sum);
    }
}
```

运行效果为：

```
31.415901
651.212
```

注意：重写父类的方法时，不可以降低方法的访问权限。上面的代码中，子类重写父类的方法 f，该方法在父类中的访问权限是 protected 级别，子类重写时不允许级别低于 protected 级别。

4.1.3 super 和 this 关键字

1．super 关键字

如果子类中定义的成员变量和父类中的成员变量同名，子类就隐藏了从父类继承的成员变量。即子类中定义了一个方法，这个方法的名字、返回类型、参数个数、类型和父类的某个方法完全相同时，子类从父类继承的这个方法将被隐藏。如果在子类中想使用被隐藏的成员变量或方法就可以使用关键字 super。

（1）使用关键字 super 调用父类的构造方法

子类不继承父类的构造方法，因此，子类如果想使用父类的构造方法，必须在子类的构造方法中使用，并且必须使用关键字 super，而且 super 必须是子类构造方法中的头一条语句，如下例所示。

例 4.4

```
class Student
{   int number;String name;
    Student()
    {
    }
    Student(int number,String name)
    {   this.number=number;
        this.name=name;
        System.out.println("I am "+name+ "my number is "+number);
    }
 }
class Univer_Student extends Student
{   boolean 婚否;
    Univer_Student(int number,String name,boolean b)
    {   super(number,name);
        婚否=b;
        System.out.println("婚否="+婚否);
    }
 }
public class Example4_4
{   public static void main(String args[])
    {   Univer_Student zhang=new Univer_Student(0001,"张子萱",false);
    }
}
```

运行结果：

```
I am 张子萱 my number is 0001
婚否=false。
```

需要注意的是：如果在子类的构造方法中没有使用关键字 super 调用父类的某个构造方法，那么默认有 super();语句，即调用父类的不带参数的构造方法。

如果类里定义了一个或多个构造方法，那么 Java 不提供默认的构造方法（不带参数的构造方法），因此，当在父类中定义多个构造方法时，应当包括一个不带参数的构造方法，以防子类默认调用 super 方法时出现错误。

（2）使用关键字 super 操作被隐藏的成员变量和方法

如果在子类中想使用被子类隐藏了的父类的成员变量或方法就可以使用关键字 super。比如 super.x、super.play()。

例 4.5

```
class Sum
{   int n;
    float f()
    {   float sum=0;
        for(int i=1;i<=n;i++)
            sum=sum+i;
        return sum;
    }
}
class Average extends Sum
{   int n;
    float f()
    {   float c;
        super.n=n;
        c=super.f();
        return c/n;
    }
    float g()
    {   float c;
        c=super.f();
        return c/2;
    }
}
public class Example4_5
{   public static void main(String args[])
    {   Average aver=new Average();
        aver.n=100;
        float result_1=aver.f();
        float result_2=aver.g();
        System.out.println("result_1="+result_1);
```

```
            System.out.println("result_2="+result_2);
        }
}
```

运行结果为：

```
result_1=50.5
result_2=2525.0
```

2. this 关键字

this 是 java 的一个关键字，表示某个对象。this 可以出现在实例方法和构造方法中，但不可以出现在类方法中。this 关键字出现在类的构造方法中时，代表使用该构造方法所创建的对象。实例方法必须通过对象来调用，当 this 关键字出现在类的实例方法中时，代表正在调用该方法的当前对象。

实例方法可以操作类的成员变量，当实例成员变量在实例方法中出现时，默认的格式为：

this.成员变量

当 static 成员变量在实例方法中出现时，默认的格式为：

类名.成员变量

如：

```
class A
{   int x;
    static int y;
    void f()
    {   this.x=100;
        A.y=200;
    }
}
```

在上述 A 类的方法 f 中出现了 this 关键字，this 代表使用方法 f 的当前对象。所以，this.x 就表示当前对象的变量 x，当对象调用方法 f 时，将 100 附给该对象的变量 x。因此，当一个对象调用方法时，方法中的实例成员变量就是指分配给该对象的实例成员变量，而 static 变量和其他对象共享。因此，通常情况下，可以省略实例成员变量名字前面的“this.”以及 static 变量前面的“类名.”。如：

```
class A
{   int x;
    static int y;
    void f()
    {   x=100;
        y=200;
    }
}
```

但是，当实例成员变量的名字和局部变量的名字相同时，成员变量前面的“this.”或“类名.”就不可以省略。

类的实例方法可以调用类的其他方法，对于实例方法调用的默认格式为：

this.方法;

对于类方法调用的默认格式为：类名.方法;。

如：

```
class B
{   void f()
    {   this.g();
        B.h();
    }
    void g()
    {   System.out.println("ok");
    }
    static void h()
    {   System.out.println("hello");
    }
}
```

在上述 B 类的方法 f 中出现了 this 关键字，this 代表使用方法 f 的当前对象。所以，方法 f 的方法体中 this.g()就是当前对象调用方法 g，也就是说，当某个对象调用方法 f 的过程中，又调用了方法 g。由于这种逻辑关系非常明确，因此一个实例方法调用另一个方法时可以省略方法名字前面的"this."或"类名."。如：

```
class B
{   void f()
    {   g();//省略 g 前面的 this
        h();
    }
    void g()
    {   System.out.println("ok");
    }
    static void h()
    {   System.out.println("hello");
    }
}
```

注意：this 关键字不能出现在类方法中，这是因为，类方法可以通过类名直接调用。

任务 2　学习区分抽象类、最终类和内部类

4.2.1　抽象类

用关键字 abstract 修饰的类称为抽象类，如：

```
abstract class A
{…
}
```

与普通的类相比，abstract 类可以有 abstract 方法。对于 abstract 方法，只允许声明，不允

许实现，而且不允许使用 final 修饰 abstract 方法。下面的 A 类中的 min()方法是 abstract 方法。

```
abstract class A
{   abstract int min(int x,int y);
    int max(int x,int y);
    {   return x>y?x:y;
    }
}
```

注意：abstract 类也可以没有 abstract 方法。

对于 abstract 类，不能使用 new 关键字创建该类的对象，需产生其子类，由子类创建对象，如果一个类是 abstract 类的子类，它必须实现父类的 abstract 方法，这就是为什么不允许使用 final 修饰 abstract 方法的原因。

4.2.2　最终类

最终类也是一种特殊的类，这种类不能再派生子类。与此相对应，还有最终方法，最终方法是不能被置换的。

一个类成了最终类后，带来两方面的优点：

（1）提高了安全性。由于不能再从最终类派生子类，所以避免了病毒闯入这些类，而病毒通常横行的途径就是从一些处理关键信息的类派生子类，再用子类去代替原来的类。从外部看，这种子类可能和正常的类一样，但功能却完全背道而驰。现在如果把这种关键性的类设计成最终类，无疑会对安全性产生有力的支持。

（2）提高程序可读性。从一个类派生出一大批子类，从子类又派生出子类，这肯定会使软件变得纷繁复杂。如果程序员将其设计的大多数类定义为最终类，从而不再派生子类，那么，就不再有链式的结构纵横交错于程序内部了，这将使程序可读性提高。

最终方法是不能被子类的同名方法所置换的。所以，最终方法机制为某些需要保护的方法提供了一种手段。

Java 还允许将一些变量定义为最终变量。实际上，这使变量成为一种不允许修改的常量。

定义最终类、最终方法和最终变量都用关键字 final 来实现。比如：

```
final class Initiation extends Initia{    }
```

上述语句定义了一个最终类 Initiation，它是由 Initia 派生的，但它自己不能再派生子类。要注意，一个类如是最终类，那就不能同时为抽象类。

又比如：

```
final class Stu{
    final int value=2;
    final int Stu(int a,int b){
    }
}
```

上述例子中，类 Stu 作为最终类，其构造方法 Stu 作为最终方法。此外，变量 value 也作为最终变量。这使其构造方法成为不能被置换的方法，而变量 value 也成了不能被修改的常量。

最终方法和最终变量不一定包含在最终类中；反过来，最终类中其实也不必包含最终方法和最终变量，因为最终类不存在类对其方法和变量的置换问题。

4.2.3　内部类

类可以有两种重要的成员：成员变量和方法，类还可以有一种成员：内部类。

Java 支持在一个类中声明另一个类，这样的类称为内部类，而包含内部类的类称为内部类的外嵌类。声明内部类如同在类中声明方法和成员变量一样，一个类把内部类看作是自己的成员。内部类的外嵌类的成员变量在内部类中仍然有效，内部类中的方法也可以调用外嵌类中的方法。

内部类的类体中不可以声明类变量和类方法。外嵌类的类体中可以用内部类声明对象，作为外嵌类的成员。在例 4.6 中，给出了内部类的用法。

例 4.6

```
class China
{   final String nationalAnthem="义勇军进行曲";
    Beijing beijing;
    China()
    {  beijing=new Beijing();
    }
    String getSong()
    {  return nationalAnthem;
    }
  class Beijing
    {   String name="北京";
        void speak()
        {   System.out.println("我国的首都是"+name+"  我们的国歌是："+getSong());
        }
    }
}
public class Example4_6
{  public static void main(String args[])
   {  China china=new China();
      china.beijing.speak();
   }
}
```

运行结果为：

```
我国的首都是北京  我们的国歌是：义勇军进行曲
```

习　　题

1．简述多态的概念，子类和父类之间转换时遵循的规则。

2．编码创建一个打印机类 Printer，定义抽象方法 print()；创建两个子类——针式打印机类 DotMatrixPrinter 和喷墨打印机类 InkpetPrinter，并在各自类中重写方法 print()，编写测试类实现两种打印机打印。再添加一个激光打印机子类 LaserPrinter，重写方法 print()，修改测试类实现该打印机打印。

提示：利用向上转型，将子类对象赋给父类 Printer 的引用变量。

任务 3　学习接口的使用

Java 中的接口是一系列方法的声明，是一些方法特征的集合，接口只有方法的特征，没有方法的实现，因此这些方法可以在不同的地方被不同的类实现，而这些实现可以具有不同的行为（功能）。

4.3.1　接口的定义与使用

1. 接口的定义

接口的含义：表示一种约定和能力。在 Java 语言规范中。接口有比抽象类更好的特性：

（1）可以被多继承。

（2）设计和实现完全分离。

（3）更自然地使用多态。

（4）更容易搭建程序框架。

（5）更容易更换实现。

另外，接口继承和实现继承的规则不同，一个类只有一个直接父类，但可以实现多个接口。Java 接口本身没有任何实现，而只描述 public 行为，所以 Java 接口比 Java抽象类更抽象化。Java 接口的方法只能是抽象的和公开的，不能有构造器，但可以有 public、static 和 final 属性。

接口把方法的特征和方法的实现分割开来。这种分割体现在接口常常代表一个角色，它包装与该角色相关的操作和属性，而实现这个接口的类便是扮演这个角色的演员。一个角色由不同的演员来演，而不同的演员之间除了扮演一个共同的角色之外，并不要求其他的共同之处。

Java 中使用 interface 来定义一个接口。接口定义同类的定义类似，也是分为接口的声明和接口体，其中接口体由常量定义和方法定义两部分组成。定义接口的基本格式如下：

```
[修饰符] interface 接口名 [extends 父接口名列表]{
    [public] [static] [final] 常量;
    [public] [abstract] 方法;
}
```

修饰符：可选，用于指定接口的访问权限，可选值为 public。如果省略则使用默认的访问权限。

接口名：必选参数，用于指定接口的名称，接口名必须是合法的 Java 标识符。一般情况下，要求首字母大写。

extends 父接口名列表：可选参数，用于指定要定义的接口继承于哪个父接口。当使用 extends 关键字时，父接口名为必选参数。

方法：接口中的方法只有定义而没有被实现。

例如，定义一个用于计算的接口，在该接口中定义了一个常量 PI 和两个方法，具体代码如下：

```
public interface Calculate {
    final float PI=3.14159f;                //定义用于表示圆周率的常量 PI
    float getArea(float r);                 //定义一个用于计算面积的方法 getArea()
    float getCircumference(float r);        //定义一个用于计算周长的方法 getCircumference()
}
```

与 Java 的类文件一样，接口文件的文件名必须与接口名相同。

2. 接口的使用

我们将以一个例子来说明如何用程序描述 USB 接口。分析如下，USB 接口本身没有实现任何功能；USB 接口规定了数据传输的要求；USB 接口可以被多种 USB 设备实现。

编写 USB 接口

```
public interface UsbInterface {
    /**
     * USB 接口提供服务。
     */
    void service();
}
```

实现接口

```
public class UDisk implements UsbInterface {
    public void service() {
        System.out.println("连接 USB 口，开始传输数据。");
    }
}
```

使用接口

```
UsbInterface uDisk = new UDisk();
uDisk.service();
```

接口在定义后，就可以在类中实现该接口。在类中实现接口可以使用关键字 implements，其基本格式如下：

[修饰符] class <类名> [extends 父类名] [implements 接口列表]{
}

修饰符：可选参数，用于指定类的访问权限，可选值为 public、abstract 和 final。

类名：必选参数，用于指定类的名称，类名必须是合法的 Java 标识符。一般情况下，要求首字母大写。

extends 父类名：可选参数，用于指定要定义的类继承于哪个父类。当使用 extends 关键字时，父类名为必选参数。

implements 接口列表：可选参数，用于指定该类实现的是哪些接口。当使用 implements 关键字时，接口列表为必选参数。当接口列表中存在多个接口名时，各个接口名之间使用逗号分隔。

在类中实现接口时，方法的名字、返回值类型、参数的个数及类型必须与接口定义中的完全一致，并且必须实现接口中的所有方法。

在类的继承中，只能做单重继承，而实现接口时，则可以一次实现多个接口，每个接口间使用逗号“,”分隔。这时就可能出现常量或方法名冲突的情况，解决该问题时，如果常量冲突，则需要明确指定常量的接口，这可以通过“接口名.常量”实现。如果出现方法冲突时，则只要实现一个方法就可以了。下面通过一个具体的实例详细介绍以上问题的解决方法。

例 4.7 实现定义两个接口，并且在这两个接口中声明了一个同名的常量和一个同名的方法，然后再定义一个同时实现这两个接口的类。具体步骤如下。

（1）创建一个名称为 Calculate 的接口，在该接口中声明一个常量和两个方法，具体代码如下：

```
public interface Calculate {
    final float PI=3.14159f;
    float getArea(float r);
    float getCircumference(float r);
}
```

（2）创建一个名称为 GeometryShape 的接口，在该接口中声明一个常量和三个方法，具体代码如下：

```
public interface GeometryShape {
    final float PI=3.14159f;
    float getArea(float r);
    float getCircumference(float r);
    void draw();
}
```

（3）创建一个名称为 Circ 的类，该类实现定义的接口，具体代码如下：

```
public class Circ implements Calculate,GeometryShape {
    public float getArea(float r) {
        float area=Calculate.PI*r*r;
        return area;
    }
    public float getCircumference(float r) {
        float circumference=2*Calculate.PI*r;
        return circumference;
    }
    public void draw(){
        System.out.println("画一个圆形！");
    }

    public static void main(String[] args) {
        Circ circ=new Circ();
```

```
            float r=7;
            float area=circ.getArea(r);
            System.out.println("圆的面积为："+area);
            float circumference=circ.getCircumference(r);
            System.out.println("圆的周长为："+circumference);
            circ.draw();
      }
}
```

在上面的代码中，请读者注意当常量和方法名冲突时的解决方法。

（4）运行本实例，其运行结果如下：

```
圆的面积为：153.93791
圆的周长为：43.98226
画一个圆形！
```

4.3.2 多态

在现实生活中，多态是指同一种事物，由于条件不同，产生的结果也不同。

在程序中，多态是指同一个引用类型，使用不同的实例执行不同的操作。

下面通过一个具体的实例来说明多态的使用过程：

问题：用多态实现打印机

分析：打印机分为黑白打印机和彩色打印机；不同类型的打印机打印效果不同。

使用多态实现思路：

（1）编写父类。

（2）编写子类，子类重写父类方法。

（3）运行时，使用父类的类型，子类的对象。

第一步，编写父类如下：

```
abstract class Printer(){
      print(String str);
}
```

第二步，编写子类，子类重写父类方法。

```
class ColorPrinter (){
      print(String str) {
            System.out.println("输出彩色的"+str);
      }
}
class BlackPrinter (){
      print(String str) {
            System.out.println("输出黑白的"+str);
      }
```

第三步，运行时，使用父类的类型，子类的对象。

```
public static void main(String[] args) {
      Printer p = new ColorPrinter();
      p.print();
```

```
        p = new BlackPrinter();
        p.print();
    }
```

例 4.8 使用另一个实例来实现多态的全过程。

```
interface People {          //编写父类
    void peopleList();
}
class Student implements People {       //编写子类，子类重写父类方法
    public void peopleList() {
        System.out.println(\"I'm a student.\");
    }
}
class Teacher implements People {     //编写子类，子类重写父类方法
    public void peopleList() {
        System.out.println(\"I'm a teacher.\");
    }
}

public class Example4_8 {
    public static void main(String args[]) {
        People a;   //运行时，使用父类的类型
        a = new Student();   //子类的对象
        a.peopleList();   //多态
        a = new Teacher();   //子类的对象
        a.peopleList();   // 多态
    }
}
```

运行结果：

```
I'm a student。
I'm a teacher。
```

习　题

1．请使用面向接口编程以及多态性来理解如下 Java 代码，给出运行结果，以便加深印象。

```
public interface Animal {
    void shout();
}
public class Dog implements Animal {
    public void shout() {
        System.out.println("W W!");
    }
}
public class Cat implements Animal {
    public void shout() {
        System.out.println("W W!");
```

```
        }
    }
    public class Store {
        public static Animal get(String choice){
            if(choice.equals("dog")){
                return new Dog();
            }else{
                return new Cat();
            }
        }
    }
    public class AnimalTest {
        public static void main(String[] args) {
            Animal a1=new Store.get("dog");
            a1.shout();
        }
    }
```

2．在习题 1 的基础上进行功能扩展，要求如下。

增加一种新的动物类型：pig（猪），实现 shout()方法。

修改 Store 类的 get 方法：如果传入的参数是字符串“dog”，则返回一个 Dog 对象。如果传入的参数是字符串“pig”，则返回一个 Pig 对象；否则，返回一个 Cat 对象。

在测试类 Test 中加以测试：向 Store 的 get 方法中传入参数“pig”，并在返回的对象上调用 shout 方法，看看与预期的结果是否一致。

提示：按照题目要求增加 pig 类、修改 Store 类的 get 方法。

任务 4　学习异常类的使用

在传统的非面向对象的编程语言中，错误处理的任务全在程序员身上，程序员必须考虑在程序中可能出现的种种问题，并且自行决定如何处理这些问题。比如可以采用返回值进行处理。编写一个返回状态代码的方法，调用者根据返回的状态代码判断出错与否。若状态代码表示一个错误，则进行相应的处理，显示一个错误页面或错误信息。通过返回值进行处理的方法是有效的，但是也有许多不足之处。这对于编程人员来说，增加了他们的负担，而对于编写的程序来说，则有以下几个缺点：

（1）出错处理不规范。

（2）降低了程序的可读性。

（3）程序复杂。

（4）可靠性差。

（5）返回信息有限。

（6）返回代码标准化困难。

在 Java 语言中使用异常为程序提供了一种有效的错误处理方式，使得方法的异常中止和错误处理有了一个清晰的接口。异常处理的方式和传统的方式有所不同，它的基本处理方式是，当一个方法引发一个异常之后，可以将异常抛出，由该方法的直接或间接调用者处理这个异常。即常说的 catch-throw（捕获-抛出）方式。这种采用错误代码和异常处理相结合的处理方式具有以下几个优点：

（1）错误的处理变得规范化。

（2）把错误代码与常规代码分开。

（3）可以在 catch 中传播错误信息。

（4）可以对错误类型分组。

（5）方便定位错误和维护。

异常（exception）应该是异常事件（exceptional event）的缩写。它是程序遇到异常情况所激发的事件。Java 编程语言使用异常机制为程序提供了处理错误的能力。

异常是一个在程序执行期间发生的事件，它中断了正在执行的程序的正常指令流。

有许多异常的例子，如程序错误、空指针、数组溢出等。Java 语言是一种面向对象的编程语言，因此，异常在 Java 语言中也是作为类的实例的形式出现的。当在一个方法中发生错误的时候，这个方法创建一个对象，并且把它传递给运行时系统。这个对象就是异常对象，它包含了有关错误的信息，这些信息包括错误的类型和程序发生错误时的状态。创建一个错误对象并把它传递给运行时系统叫做抛出异常。

一个方法抛出异常后，运行时系统就会试着查找一些方法来处理它。这些处理异常的方法的集合是被整理在一起的方法列表，这些方法能够被发生错误的方法调用。

运行时系统搜寻包含能够处理异常的代码块的方法所请求的堆栈。这个能够处理异常的代码块叫做异常处理器，搜寻首先从发生的方法开始，然后依次按着调用方法的倒序检索调用堆栈。当找到一个相应的异常处理器时，运行时系统就把异常传递给这个异常处理器。一个异常处理器要适当地考虑抛出的异常对象的类型和异常处理器所处理的异常的类型是否匹配。如果运行时系统搜寻了这个方法所有的调用堆栈，而没有找到相应的异常处理器，运行时系统将终止执行。

异常是在程序执行中中断正常流程的事件。如前面所述，在用传统的语言编程时，程序员只能通过函数的返回值来发现错误信息。这会导致很多错误，因为在很多情况下需要知道错误产生的内部细节。Java 语言对异常的处理是面向对象的。通过异常处理机制，可以将非正常情况下的处理代码与程序的主逻辑分离，即在编写代码主流程的同时在其他地方处理异常情况。本小节将向读者粗略介绍一下异常处理的基本形式，使读者能对异常处理的机制有个整体的了解。

异常处理程序的基本形式如以下代码所示。

```
method() throws ExceptionType2,ExceptionType3,……{
    ……
    try {
```

```
        ……
        //程序块
    }
    catch (ExceptionType1 e) {
        ……
        // 对 ExceptionType1 的处理
    }
    catch (ExceptionType2 e) {
        ……
        // 对 ExceptionType2 的处理
        throw(e); //再抛出这个“异常”给上层的调用者
    }
    ……
    finally {
        ……
    }
}
```

4.4.1　使用 try-catch 处理异常

Java 的异常处理是通过 5 个关键词来实现的，这 5 个关键词分别是 try、catch、throw、throws 和 finally。Java 语言的异常捕获与处理结构由 try、catch、finally 三个块组成。其中 try 块存放可能发生异常的 Java 语言，并管理相关的异常指针；catch 块紧跟在 try 块后面，用来激发被捕获的异常；finally 块包含清除程序没有释放的资源和句柄等。不管 try 块中的代码如何退出，都将执行 finally 块。本节将详细讲解 try、catch 和 finally 块——Java 异常捕获和处理的结构。

1. try-catch 块

为了捕获异常，需要使用 try-catch 语句。可以采用 try 来指定一块预防所有异常的程序，紧跟在 try 程序块后面，并包含一个或多个 catch 子句来指定想要捕获的异常类型。

一种简单的 try-catch 语句的形式如下所示。

```
try{
    //可能抛出异常的代码
    ……
}
catch(异常类型 1 e){
    //某种类型的异常的处理代码
    ……
}
catch(异常类型 2 e){
    //某种类型的异常的处理代码
    ……
}
```

在建立了 try-catch 语句之后，如果在 try 中的任何地方抛出在 catch 子句中指定类型的异常，Java 解释器将跳过异常抛出处之后的代码，而直接跳到 catch 子句中的异常处理代码处开始执行异常处理。

例 4.9

```
public class Test1 {
        public static void main(String[] args) {
                try {
                        Scanner in = new Scanner(System.in);
                        System.out.print("请输入被除数:");
                        int num1 = in.nextInt();
                        System.out.print("请输入除数:");
                        int num2 = in.nextInt();
                        System.out.println(String.format("%d / %d = %d",
                                        num1, num2, num1/ num2));
                        System.out.println("感谢使用本程序！ ");
                } catch (Exception e) {
                        System.err.println("出现错误：被除数和除数必须是整数，" +"除数不能为零。");
                        e.printStackTrace();
                }
        }
}
```

程序的输出结果如图 4-1 所示。

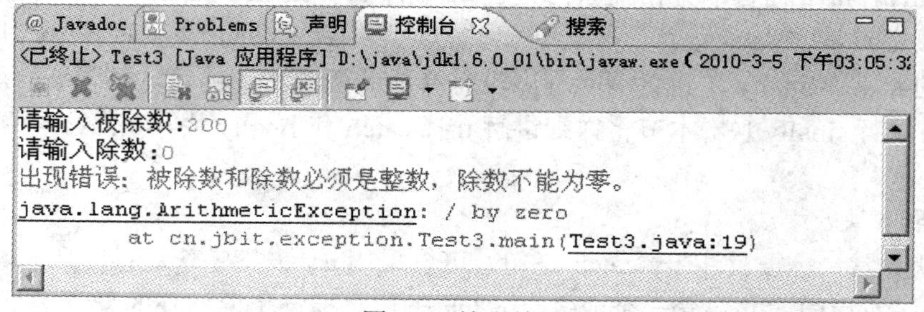

图 4-1 输出结果

在代码中，“System.out.println(String.format("%d/%d = %d",num1, num2, num1/num2));”语句运行时产生了“除零”的运行时异常，因此代码跳到 catch 语句段，捕获此异常并执行 catch 语句段中的语句“System.err.println("出现错误：被除数和除数必须是整数，" +"除数不能为零。");”。

catch 子句的目标是解决异常情况，把变量设到合理的状态，并像没有出错一样继续运行。如果在 try 块中抛出的异常没有能够捕获它的 catch 块，或者说，捕获这个异常但不想立即处理，则 Java 将立即退出这个方法，并将其返回到上一级处理，如此可以不断地递归向上直到最外一级。

从此程序中也可以看出，try-catch 块允许嵌套。嵌套的 try-catch 块的处理也很简单。当有异常抛出时，Java 将检查异常抛出点所在的 try-catch 块，看是否有能够处理它的 catch 块，如果有，则异常被此 catch 块捕获；否则，异常被转到外层的 try-catch 块处理。

2. finally 块

finally 关键字是对 Java 异常处理模型的最佳补充。finally 结构的代码段总会被执行，而不管有无异常发生。使用 finally 可以维护对象的内部状态，并可以清理非内存资源。

下面举一个使用 finally 块的例子，如例 4.10 所示。

例 4.10

```
public class Test2 {
        public static void main(String[] args) {
                try {
                        Scanner in = new Scanner(System.in);
                        System.out.print("请输入被除数:");
                        int num1 = in.nextInt();
                        System.out.print("请输入除数:");
                        int num2 = in.nextInt();
                        System.out.println(String.format("%d / %d = %d",
                                num1, num2, num1/ num2));
                } catch (Exception e) {
                        System.err.println("出现错误：被除数和除数必须是整数，" +"除数不能为零。");
                        System.out.println(e.getMessage());
                } finally {
                        System.out.println("感谢使用本程序！");
                }
        }
}
```

程序的输出结果如图 4-2 所示。

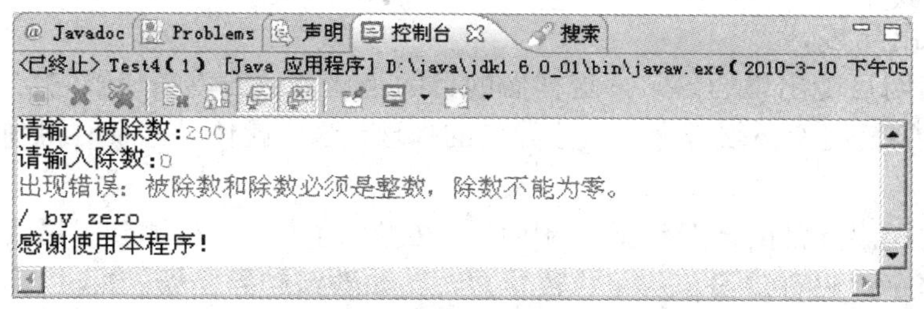

图 4-2　finally 块示例

可以看到，此时，只需在 finally 块中编写一条输出后续信息的语句就行。finally 块确保 println 方法总被执行，而不管 try 块内是否发出异常。因此，在退出该方法之前总会输出后续信息。同样，若换成释放内存等重要工作，就可以确保内存被释放而不会有浪费资源的情况发生了。

finally 块必须与 try 或 try-catch 块配合使用。此外，不可能退出 try 块而不执行其 finally 块。如果 finally 块存在，则它总会执行。但以下特殊情况例外，finally 块将不会被执行，或程序将退出 try 块而不执行 finally 块。

（1）在 finally 块中发生了异常。当 finally 块中发生了异常，不管是运行时异常还是被检查出的异常，或是自己抛出了一个异常，finally 代码的后续部分将不被执行。

（2）程序所在的线程死亡。如果在执行 finally 块之前，程序所在的线程死亡，理所当然的，finally 块将不被执行。

（3）在前面的代码中用 System.exit()退出运行。如果代码在 try 内部执行一条 System.exit(0)语句，则应用程序将终止而不会执行 finally 块。

（4）关闭 CPU。如果在 try 块执行期间拨掉电源，finally 块也不会被执行。

4.4.2 抛出异常

在前面的小节中已经提到过异常抛出的概念，如果在 try 块中抛出的异常没有能够捕获它的 catch 块，或者说，捕获这个异常但不想立即处理，则 Java 将立即退出这个方法，并将其返回到上一级处理，如此可以不断地递归向上直到最外一级。同时，在方法的声明中要指定方法中可能产生的异常，使方法的调用者准备好处理这种异常的代码，这样，这种类型的异常在此方法的调用者中得到了处理。调用者可能自己处理这种异常，也可能将这个异常留给它的调用者。异常就这样逐级上溯，直到找到处理它的代码为止。如果没有任何代码来捕获并处理这个异常，Java 将结束这个程序的执行。

所以，当不在方法中直接捕获被检查的异常时，必须用 throw 语句将异常抛给上层的调用者。也就是说，通过 throw 语句可以明确地抛出一个异常，同时在方法中用 throws 声明此方法将抛出某类型的异常。

本节将讲述异常抛出语句、异常声明、Throwable 类以及它的子类。

当不在方法中直接捕获被检查的异常时，必须指定它可以抛出的所有被检查的异常。抛出异常所做的两部分工作是：在它的声明中使用 throws 语句指定它可以抛出的异常，同时使用 throw 语句抛出异常。

在方法中声明可能出现的异常，这样做的目的是让方法告诉编译器它可能会产生哪些异常，从而要求它的使用者必须考虑对这些异常的处理，这样就使异常及时得到处理，减少了程序崩溃的几率。

Java 可能会抛出异常的情况包括：调用的方法抛出了异常；检测到了错误并使用 throw 语句抛出异常；程序代码有错误，从而导致异常，比如数组越界错误；Java 运行时系统产生内部错误。当前两种异常发生时，应该告诉使用方法的人，此方法强迫 Java 抛出异常。因为任何抛出异常的方法都是导致程序死亡的陷阱，如果没有任何代码来处理方法抛出的异常，就会导致程序结束。下面讲解 throw 语句和 throws 声明。

1．throw 语句

在使用 throw 语句时，需要一个单独的 Throwable 对象，这个对象是任意 Throwable 类的子类，其使用格式如下。

```
throw someThrowableObject;
```

程序会在运行到 throw 语句后立即终止，它后面的语句都不执行，然后在包含它的所有 try 块中从里到外寻找与其匹配的 catch。

例 4.11

```
public class Person {
        private String name = "";// 姓名
        private int age = 0;// 年龄
        private String sex = "男";// 性别
        public void setSex(String sex) throws Exception {
                if ("男".equals(sex) || "女".equals(sex))
                        this.sex = sex;
                else {
                        throw new Exception("性别必须是“男”或者“女”！");
                }
        }
        public void print() {
                System.out.println(this.name + "（" + this.sex
                                + "，" + this.age + "岁）");
        }
}
```

2. throws 声明

在例 4.11 中，setSex(String sex)方法的声明中包含了一个 throws 子句。但是，setSex(String sex)方法没有捕捉这个异常。因此，这个方法必须使用 throws 语句来声明它所抛出的异常的类型。

throws 子句在方法的声明中，用于指定方法中可能产生的异常。throws 子句的格式如下面代码所示。

例 4.12 throws 子句的使用。

```
public class Test2 {
        public static void divide() throws Exception {
                Scanner in = new Scanner(System.in);
                System.out.print("请输入被除数:");
                int num1 = in.nextInt();
                System.out.print("请输入除数:");
                int num2 = in.nextInt();
                System.out.println(String.format("%d / %d = %d",
                        num1, num2, num1/ num2));
        }
        public static void main(String[] args) {
                try {
                        divide();
                } catch (Exception e) {
                        e.printStackTrace();
                }
        }
}
```

在代码中声明 divide()方法时，在后面加上了 throws Exception 异常抛出声明，表明在这个方法中可能会抛出 Exception 异常。

如果一个方法可能抛出的异常不止一个，可以在方法的 throws 子句中声明多个异常，这些异常使用逗号“，”隔开。

例 4.13 抛出多个异常的情况。

```
class Animation{
    public Image loadImage(String s)
        throws EOFException, MalformURLException{
      ……
      ……
    }
}
```

并不是所有可能发生的异常都要在方法的声明中指定，从 Error 类中派生的异常和从 RuntimeException 类中派生的异常就不用在方法声明中指定。这两类异常属于不检查异常（unchecked exception）。Java 语言中的另一类异常是检查异常（checked exception）。检查异常是那些在程序中应该处理的异常，而不检查异常则是那些无法干预的异常（如 Error 类异常）或者在控制之下完全可以避免的异常（比如数组越界错误）。方法的声明中必须指明所有可能发生的检查异常。

方法实际抛出的异常可能是 throws 子句中指定的异常类或其子类的实例。比如在方法的声明中指明方法可能产生IOException，但是实际上可能抛出的异常是EOFException类的实例，这些异常类都是 IOException 的子类。

注意：当子类的方法覆盖了超类的方法时，子类方法的 throws 子句中声明的异常不能多于超类方法中声明的异常，否则会产生编译错误。因此，如果超类的方法没有 throws 子句，那么子类中覆盖它的方法也不能使用 throws 子句指明异常。对于接口，情况相同。

由此可见，抛出异常需要经过以下 3 个步骤。

（1）确定异常类。

（2）创建异常类的实例。

（3）抛出异常。

一旦 Java 抛出了异常，方法不会被返回调用者，因此不必担心返回值的问题，也不必提供一个缺省的返回值。

下面举一个例子，如例 4.14 所示。

例 4.14

```
public class ExceptionUse {

    public static void throwException() throws IoException {
        System.out.println("下面产生一个 IO 异常并将其抛出！ ");

        throw new RuntimeException("MyException");
    }
    public static void main(String [] args) {
        try {
            throwException();
        }
```

```
        catch(IoException re) {
            System.out.println("捕获 Io 异常："+re);
        }
    }
}
```

在 main()函数中调用了 throwException()方法，从此方法的声明中可以看到，它可能会抛出 IoException 异常。再从此方法的定义可以看到，它使用 new 运算符实例化了一个 RuntimeException 类，并使用 throw 语句将其抛出。调用这个方法后，异常被抛出，catch 语句进行捕获，并打印出异常信息。

对于捕获到的异常还有另外一种选择是捕获但并不处理此异常，而将异常留给这个方法的调用者去处理。这时，需要在方法的 throws 子句中指明这个异常。

例 4.15

```
public class ExceptionUse{
    public static void main(String[] args) {
        try{
            testTryCatch();
        }
        //捕获异常
        catch(IOException e){
            System.out.println("catch "+e.getMessage()+" in main()");
        }
    }
    static void testTryCatch() throws IOException{
        try{
            //抛出异常
            throw new IOException("exception 1");
        }
        //捕获异常
        catch(IOException e){
            System.out.println("throw "+e.getMessage()+"
                                    in testTryCatch()");
            //捕获异常暂不处理，抛出异常
            throw new IOException("exception 1");
        }
    }
}
```

注意：程序在方法声明中抛出异常 static void testTryCatch() throws IOException，因此，应由外层方法来处理（在 main()方法中使用 try-catch 块来捕获异常），如果 main()这个外层调用方法不使用 try-catch 块来捕获异常，程序将无法通过编译。

4.4.3　自定义异常

在程序中也可以扩展 Exception 类来定义自己的异常类，然后规定哪些方法产生这样的异常。一个方法在声明时可以使用 throws 关键字声明要产生的若干个异常，并在该方法的方法体中具体给出产生异常的操作，即用相应的异常类创建对象，并使用 throw 关键字抛出异常对象，导致该方法结束执行。程序必须在 try-catch 语句中调用能发生异常的方法，其中 catch 的作用就是捕获 throw 关键字抛出的异常对象。

throw 是 Java 的关键字，该关键字的作用就是抛出异常。throw 和 throws 是两个不同的关键字。

例 4.16 中，Computer 类中有一个计算最大公约数的方法，如果该方法传递负整数，方法就抛出自定义的异常。

例 4.16

```
class NopositiveException extends Exception
{    String message;
     NopositiveException(int m,int n)
     {    message="数字"+m+"或"+n+"不是正整数";
     }
     public String toString()
     {    return message;
     }
}
class Computer
{    public int getMaxCommonDivisor(int m,int n) throws NopositiveException
     { if(n<=0||m<=0)
          {  NopositiveException exception=new NopositiveException(m,n);
             throw exception;
          }
        if(m<n)
          {  int temp=0;
             temp=m;
             m=n;
             n=temp;
          }
        int r=m%n;
        while(r!=0)
          {  m=n;
             n=r;
             r=m%n;
          }
        return n;
     }
}
public class Example4_16
{    public static void main(String args[])
     {  int m=24,n=36,result=0;
        Computer a=new Computer();
        try  {   result=a.getMaxCommonDivisor(m,n);
```

```
                System.out.println(m+"和"+n+"的最大公约数 "+result);
                m=-12;
                n=22;
                result=a.getMaxCommonDivisor(m,n);
                System.out.println(m+"和"+n+"的最大公约数 "+result);
            }
        catch(NopositiveException e)
            {   System.out.println(e.toString());
            }
        }
    }
```

习　　题

1．编写能产生 ArrayIndexOutOfBoundsException 异常的代码，并将其捕获，在控制台上输出异常信息。

提示：数组下标异常，使用 try-catch 进行捕获并处理。

2．简述 Java 异常体系结构。

任务 5　学习基础类的使用

4.5.1　String 类

1．构造函数

（1）String(byte[ ] bytes)：通过 byte 数组构造字符串对象。

（2）String(char[ ] value)：通过 char 数组构造字符串对象。

（3）String(String original)：构造一个 original 的副本。即：拷贝一个 original。

（4）String(StringBuffer buffer)：通过 StringBuffer 数组构造字符串对象。

例如：

```
byte[] b = {'a','b','c','d','e','f','g','h','i','j'};
char[] c = {'0','1','2','3','4','5','6','7','8','9'};
String sb = new String(b);                 //abcdefghij
String sb_sub = new String(b,3,2);         //de
String sc = new String(c);                 //0123456789
String sc_sub = new String(c,3,2);         //34
String sb_copy = new String(sb);           //abcdefghij
System.out.println("sb:"+sb);
System.out.println("sb_sub:"+sb_sub);
System.out.println("sc:"+sc);
System.out.println("sc_sub:"+sc_sub);
System.out.println("sb_copy:"+sb_copy);
```

输出结果：sb:abcdefghij

```
sb_sub:de
sc:0123456789
sc_sub:34
sb_copy:abcdefghij
```

2. 方法

说明：所有方法均为 public。

书写格式： [修饰符] <返回类型><方法名([参数列表])>

例如：static int parseInt(String s)

表示 parseInt 为 static 类方法，返回类型为 int，方法所需要的参数为 String 类型。

（1）char charAt(int index) ：取字符串中的某一个字符，其中的参数 index 指的是字符串中的序数。字符串的序数从 0 到 length()-1。

例如：

```
String s = new String("abcdefghijklmnopqrstuvwxyz");
System.out.println("s.charAt(5): " + s.charAt(5) );
```

结果为：

```
s.charAt(5): f
```

（2）int compareTo(String anotherString) ：当前 String 对象与 anotherString 比较。相等返回 0；不相等时，从两个字符串第 0 个字符开始比较，返回第一个不相等的字符差，另一种情况，较长字符串的前面部分恰巧是较短的字符串，返回它们的长度差。

例如：

```
String s1 = new String("abcdefghijklmn");
String s2 = new String("abcdefghij");
String s3 = new String("abcdefghijalmn");
System.out.println("s1.compareTo(s2): " + s1.compareTo(s2) ); //返回长度差
System.out.println("s1.compareTo(s3): " + s1.compareTo(s3) ); //返回'k'-'a'的差
```

结果为：

```
s1.compareTo(s2): 4
s1.compareTo(s3): 10
```

（3）int compareTo(Object o)：如果 o 是 String 对象，和（2）的功能一样；否则抛出 ClassCastException 异常。

（4）String concat(String str)：将该 String 对象与 str 连接在一起。

（5）boolean contentEquals(StringBuffer sb)：将该 String 对象与 StringBuffer 对象 sb 进行比较。

（6）static String copyValueOf(char[] data)。

（7）static String copyValueOf(char[] data, int offset, int count)：以上两个方法将 char 数组转换成 String，与其中一个构造函数类似。

（8）boolean endsWith(String suffix)：该 String 对象是否以 suffix 结尾。

例如：

```
String s1 = new String("abcdefghij");
String s2 = new String("ghij");
System.out.println("s1.endsWith(s2): " + s1.endsWith(s2) );
```

结果为：

```
s1.endsWith(s2): true
```

（9）boolean equals(Object anObject)：当 anObject 不为空并且与当前 String 对象一样，返回 true；否则，返回 false。

（10）byte[] getBytes()：将该 String 对象转换成 byte 数组。

（11）void getChars(int srcBegin, int srcEnd, char[] dst, int dstBegin)：该方法将字符串拷贝到字符数组中。其中，srcBegin 为拷贝的起始位置、srcEnd 为拷贝的结束位置、字符串数值 dst 为目标字符数组、dstBegin 为目标字符数组的拷贝起始位置。

例如：

```
char[] s1 = {'I',' ','l','o','v','e',' ','h','e','r','!'};//s1=I love her!
String s2 = new String("you!");
s2.getChars(0,3,s1,7); //s1=I love you!
System.out.println( s1 );
```

结果为：

```
I love you!
```

（12）int hashCode()：返回当前字符的哈希码。

（13）int indexOf(int ch)：只找第一个匹配字符位置。

（14）int indexOf(int ch, int fromIndex)：从 fromIndex 开始找第一个匹配字符位置。

（15）int indexOf(String str)：只找第一个匹配字符串位置。

（16）int indexOf(String str, int fromIndex)：从 fromIndex 开始找第一个匹配字符串位置。

例如：

```
String s = new String("write once, run anywhere!");
String ss = new String("run");
System.out.println("s.indexOf('r'): " + s.indexOf('r') );
System.out.println("s.indexOf('r',2): " + s.indexOf('r',2) );
System.out.println("s.indexOf(ss): " + s.indexOf(ss) );
```

结果为：

```
s.indexOf('r'): 1
s.indexOf('r',2): 12
s.indexOf(ss): 12
```

（17）int lastIndexOf(int ch)。

（18）int lastIndexOf(int ch, int fromIndex)。

（19）int lastIndexOf(String str)。

（20）int lastIndexOf(String str, int fromIndex)：以上四个方法与（13）至（16）类似，不同的是：找最后一个匹配的内容。

```
public class CompareToDemo {
public static void main (String[] args) {
```

```
        String s1 = new String("acbdebfg");
        System.out.println(s1.lastIndexOf((int)'b',7));
    }
}
```

运行结果：

```
5
```

其中 fromIndex 的参数为 7，是从字符串 acbdebfg 的最后一个字符 g 开始往前数的位数，即从字符 c 开始匹配，寻找最后一个匹配 b 的位置，所以结果为 5。

（21）int length()：返回当前字符串长度。

（22）String replace(char oldChar, char newChar)：将字符串中第一个 oldChar 替换成 newChar。

（23）boolean startsWith(String prefix)：该 String 对象是否以 prefix 开始。

（24）boolean startsWith(String prefix, int toffset)：该 String 对象从 toffset 位置算起，是否以 prefix 开始。

例如：

```
String s = new String("write once, run anywhere!");
String ss = new String("write");
String sss = new String("once");
System.out.println("s.startsWith(ss): " + s.startsWith(ss) );
System.out.println("s.startsWith(sss,6): " + s.startsWith(sss,6) );
```

结果为：

```
s.startsWith(ss): true
s.startsWith(sss,6): true
```

（25）String substring(int beginIndex)：取从 beginIndex 位置开始到结束的子字符串。

（26）String substring(int beginIndex, int endIndex)：取从 beginIndex 位置开始到 endIndex 位置的子字符串。

（27）char[ ] toCharArray()：将该 String 对象转换成 char 数组。

（28）String toLowerCase()：将字符串转换成小写。

（29）String toUpperCase()：将字符串转换成大写。

例如：

```
String s = new String("java.lang.Class String");
System.out.println("s.toUpperCase(): " + s.toUpperCase() );
System.out.println("s.toLowerCase(): " + s.toLowerCase() );
```

结果为：

```
s.toUpperCase(): JAVA.LANG.CLASS STRING
s.toLowerCase(): java.lang.class string
```

（30）static String valueOf(boolean b)。

（31）static String valueOf(char c)。

（32）static String valueOf(char[] data)。

（33）static String valueOf(char[] data, int offset, int count)。

（34）static String valueOf(double d)。

（35）static String valueOf(float f)。

（36）static String valueOf(int i)。

（37）static String valueOf(long l)。

（38）static String valueOf(Object obj)。

以上方法用于将各种不同类型转换成 Java 字符型。这些都是类方法。

例 4.17　将一个字符串按照指定的分隔符分隔，返回分隔后的字符串数组。

```
public class SplitDemo{
    public static void main (String[] args) {
        String date = "2008/09/10";
        String[ ] dateAfterSplit= new String[3];
        dateAfterSplit=date.split("/");         //以“/”作为分隔符来分割 date 字符串，并把结果放入 3 个字符串中
        for(int i=0;i<dateAfterSplit.length;i++)
            System.out.print(dateAfterSplit[i]+" ");
    }
}
```

运行结果：

```
2008 09 10          //结果为分割后的 3 个字符串
```

4.5.2 Math 类

在编写程序时，可能需要计算一个数的平方根、绝对值、获取一个随机数等。Java.lang 包中的 Math 类包含了许多用来进行科学计算的类方法，这些方法可以直接通过类名调用。

Math 类包含了许多数学函数，如 sin、cos、exp、abs 等。Math 类是一个工具类，它在解决与数学有关的一些问题时有着非常重要的作用。

另外 Math 类有两个静态属性：E 和 PI。E 代表数学中的 e——2.7182818，而 PI 代表π——3.1415926。

引用时，用法如：Math.E 和 Math.Pi。

以下是 Math 类的常用方法：

public static int abs(int a)

public static long abs(long a)

public static float abs(float a)

public static double abs(double a)

以上四个方法用来求绝对值。

public static native double acos(double a)

求反余弦函数。

public static native double asin(double a)

求反正弦函数。

public static native double atan(double a)

求反正切函数。

public static native double ceil(double a)

返回最小的大于 a 的整数。

public static native double cos(double a)

求余弦函数。

public static native double exp(double a)

求 e 的 a 次幂。

public static native double floor(double a)

返回最大的小于 a 的整数。

public static native double log(double a)

返回 lna。

public static native double pow(double a, double b)

求 a 的 b 次幂。

public static native double sin(double a)

求正弦函数。

public static native double sqrt(double a)

求 a 的开平方。

public static native double tan(double a)

求正切函数。

public static synchronized double random()

返回 0～1 之间的随机数。

使用这些方法时，用法为 Math.方法名。如：

```
int a=Math.abs(124);
int b=Math.floor(-5.2);
double s=Math.sqrt(7);
```

4.5.3 Date 类

Date 类实际上只是一个包裹类，它包含的是一个长整型数据，表示的是从 GMT（格林尼治标准时间）1970 年 1 月 1 日 00:00:00 这一刻之前或者之后经历的毫秒数。Date 类在 java.util 包中。使用 Date 类的无参数构造方法创建的对象可以获取本地当前时间。Date 对象表示时间的默认顺序是星期、月、日、小时、分、秒、年。例如：

Sat Apr 25 14:36:47 CST 2010

编写程序时通常都希望按照某种习惯来输出时间，比如以时间顺序：

年 月 星期 日或者年 月 星期 日 小时 分 秒

使用 DateFormat 的子类 SimpleDateFormat 可以实现日期的格式化。SimpleDateFormat 有

一个常用构造方法：SimpleDateFormat(String pattern)。该构造方法可以用参数 pattern 指定的格式创建一个对象，该对象调用 format(Date date)方法格式化时间对象 date。需要注意的是，pattern 中应当含有一些特殊意义字符，这些特殊字符被称为元字符，例如：

y 或 yy 表示用两位数字输出年份；yyyy 表示用四位数字输出年份。

M 或 MM 表示用两位数字或文本输出月份，如果想用汉字输出月份，pattern 中应连续包含至少 3 个 M，如 MMM。

d 或 dd 表示用两位数字输出日。

H 或 HH 表示用两位数字输出小时。

m 或 mm 表示用两位数字输出分。

s 或 ss 表示用两位数字输出秒。

E 表示用字符串输出星期。

对于 pattern 中的普通字符，如果是 ASCII 字符集中的字母，必须要用单引号字符括起来，例如：pattern=" 'time':yyyy-MM-dd"。

使用 Date 的带参数的构造方法：Date(long time)来创建一个 Date 对象，例如：

```
Date date1=new Date(1000);
date2=new Date(-1000);
```

如果运行 Java 程序的本地时区是北京时区，那么 date1 就是 1970 年 01 月 01 日 08 时 00 分 01 秒，date2 就是 1970 年 01 月 01 日 07 时 59 分 59 秒。

还可以用 System 类的静态方法 public long currentTimeMillis()获取系统当前时间，如果运行 Java 程序的本地时区是北京时区，这个时间是从 1970 年 1 月 1 日 08 时到目前时间所走过的毫秒数。

例 4.18　用三种格式输出时间。

```
import java.util.Date;
import java.text.SimpleDateFormat;
class Example4_18
{  public static void main(String arg[])
   {  Date nowTime=new Date();
      System.out.println(nowTime);
      SimpleDateFormat matter1=
      new SimpleDateFormat(" 'time':yyyy 年 MM 月 dd 日 E 北京时间");
      System .out.println（matter1.format(nowTime)）;
      SimpleDateFormat matter2=
      New SimpleDateFormat("北京时间：yyyy 年 MM 月 dd 日 HH 时 mm 分 ss 秒");
      System.out.println(matter2.format(nowTime));
      Date date1=new Date(1000);
      date2=new Date(-1000);
      System.out.println(matter2.format(date1));
      System.out.println(matter2.format(date2));
      System.out.println(new Date(System.currentTimeMillis()));
   }
}
```

习 题

1. 编写一个程序，输入 5 种水果的英文名称（例如：葡萄 grape、橘子 orange、香蕉 banana、苹果 apple、桃子 peach），输出这些水果的中文名称（按照在字典里出现的先后顺序输出），运行效果如题图 1 所示。

提示：使用 Arrays 的 sort 方法对字符串数组中的元素进行排序。

```
<terminated> Exercise [Java Application] C:\Program Files\MyEclipse 5.5.1 GA\jre\bin\javaw.exe (2014-3-25 上午05:19:28)
请输入第1种水果：grape
请输入第2种水果：orange
请输入第3种水果：banana
请输入第4种水果：apple
请输入第5种水果：peach
这些水果在字典中出现的顺序是：
apple
banana
grape
orange
peach
```

题图 1

2. 随机输入一个人的姓名，然后分别输出姓和名，运行效果如题图 2 所示。

```
<terminated> Exercise2 [Java Application] C:\Program Files\MyEclipse 5.5.1 GA\jre\bin\javaw.exe (2014-3-25 上午05:31:30)
输入任意一个姓名：王小丫

姓氏：    王
名字：        小丫
```

题图 2

5

简单计算器的开发

本项目设计的任务是：通过简单计算器的开发，完成分析、设计和编码，写出设计报告。

- 掌握 Java 的语言规范，面向对象的核心概念和特性。
- 掌握 Java 的编程技术，包括异常处理、图形界面设计、多线程、网络通信程序等。
- 掌握 Java 应用软件的开发环境和开发过程。
- 掌握面向对象的思想和程序设计方法。

任务 1　计算器功能描述

5.1.1　主要设计思想

为了方便用户与程序之间的交互，Java 提供了图形用户界面（Graphics User Interface，GUI）。本任务的计算器程序，就是使用 GUI 设计的代表，总体界面有 1 个文本框，18 个按钮，采用 BorderLayout 布局。

首先创建计算器窗口，在窗口上添加文本框和按钮等相关组件，添加组件的同时设计布局样式。文本框放置在最“NORTH”，然后 0～9 以及+、-、*、/等按钮放置到一个面板 Panel 中，面板采用 GridLayout 布局，并将面板添加到整体布局的“CENTER”，界面设计完成。

布局设计好后再添加按钮事件。对于此程序要考虑到点击加、减、乘、除按钮时是否有点击数字按钮，如果是第一次点击数字按钮或者是点击数字按钮前点击了加、减、乘、除按钮，则直接把数字按钮的数值设置到文本框中，否则应把文本框中的内容加上你所点击按钮的数值设置到文本框中。

在进行乘、除计算时要把点击加、减、乘、除按钮之前的数值保存下来，运算时用这个保存下来的数值和文本框中的数值加、减、乘、除。

5.1.2 程序具备的功能

（1）使用图形用户界面：一个文本框；0～9 数字按钮；加、减、乘、除运算符；“等于”符号；复位按钮；正负数按钮；倒数按钮；退格按钮；小数点按钮。

（2）完成整数、实数的四则运算（加、减、乘、除）。

（3）通过按钮点击实现数据的复位（清零）。

（4）实数运算中小数位的精度一致。

5.1.3 设计步骤

（1）设计窗体和布局，在此步骤中要了解 Swing 窗体类 JFrame 和相关方法；通过创建 JFrame 的子类来创建计算器窗口，还要了解 Swing 窗体的布局，如 BorderLayout 布局、GridLayout 布局和 FlowLayout 布局等；了解窗体与组件的关系；设计效果如图 5-1 所示。

（2）设计文本框和按钮，在此步骤中要了解 Swing 文本框类 JTextField 和相关方法；了解 Swing 按钮类 JButton 和相关方法；设计效果如图 5-2 所示。

图 5-1 计算器窗口界面

图 5-2 计算器窗口布局界面

（3）添加监视器和事件，在此步骤中要了解 Java 语言中事件类，包括事件源、监视器和处理事件的接口，掌握为事件源对象添加监视器并实现接口的方法；了解 java.util 包中的 LinkedList 类及相关方法；设计效果如图 5-3 所示。

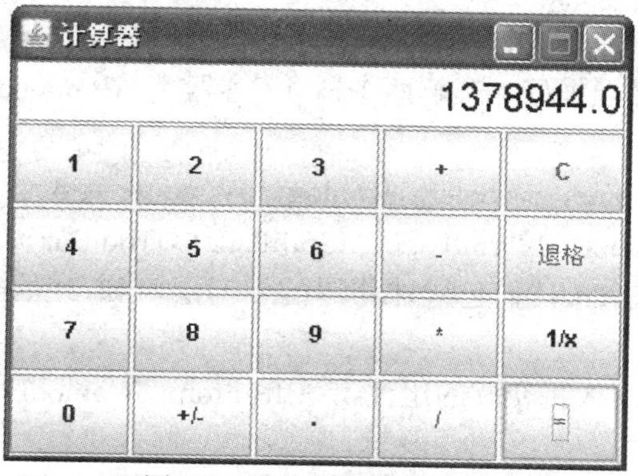

图 5-3 添加监视器的界面

程序整体流程图，如图 5-4 所示。

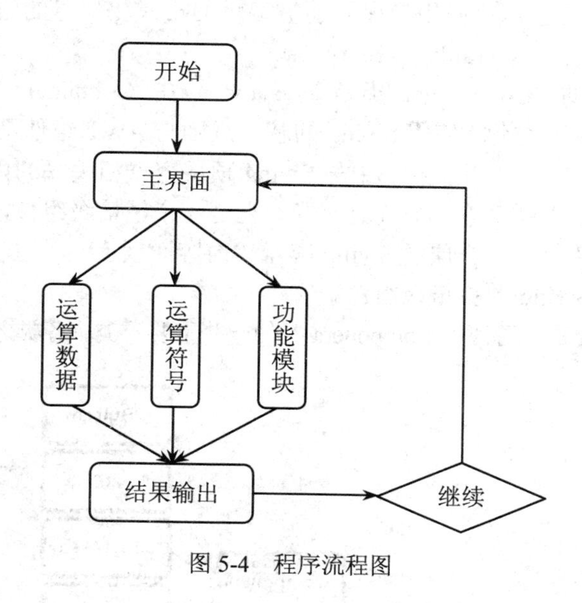

图 5-4 程序流程图

任务 2 理论指导

5.2.1 容器类和组件类

Java 的 GUI 编程（Graphic User Interface，图形用户接口）是在它的抽象窗口工具箱（Abstract Window Toolkit，AWT）上实现的，java.awt 是 AWT 的工具类库，其中包括了丰富的图形、用户界面元件和对布局管理器的支持。用户和程序之间可以方便地进行交互。Java 的抽象窗口工具包（Abstract Window Toolkit，AWT）由 java.awt 包提供，Swing 组件（它所对应的包是 javax.swing）则包含了许多类来支持 GUI 设计。

学习 GUI 编程时，必须很好地理解两个概念：容器类（Container）和组件类（Component）。组件从功能上可分为：

（1）顶层容器：JFrame，JApplet，JDialog，JWindow 共 4 个。

（2）中间容器：JPanel，JScrollPane，JSplitPane，JToolBar。

（3）特殊容器：在 GUI 上起特殊作用的中间层，如 JInternalFrame，JLayeredPane，JRootPane。

（4）基本控件：实现人机交互的组件，如 JButton，JComboBox，JList，JMenu，JSlider，JTextField。

（5）不可编辑信息的显示：向用户显示不可编辑信息的组件，例如 JLabel，JProgressBar，ToolTip。

（6）可编辑信息的显示：向用户显示能被编辑的格式化信息的组件，如 JColorChooser, JFileChooser，JFileChooser，JTable，JTextArea。

javax.swing 包中的 JComponent 类是 java.awt 包中 Container 类的一个直接子类，是 Component 类的一个间接子类。使用 Swing 的基本规则与 AWT 组件不同，Swing 组件不能直接添加到顶层容器中，它必须添加到一个与 Swing 顶层容器相关联的内容面板（ContentPane）上。内容面板是顶层容器包含的一个普通容器，它是一个轻量级组件，其基本规则如下：

- 把 Swing 组件放入一个顶层 Swing 容器的内容面板上。
- 避免使用非 Swing 的重量级组件。

学习 GUI 编程主要是学习使用 Component 类的一些重要子类，各类之间的关系如图 5-5 所示。

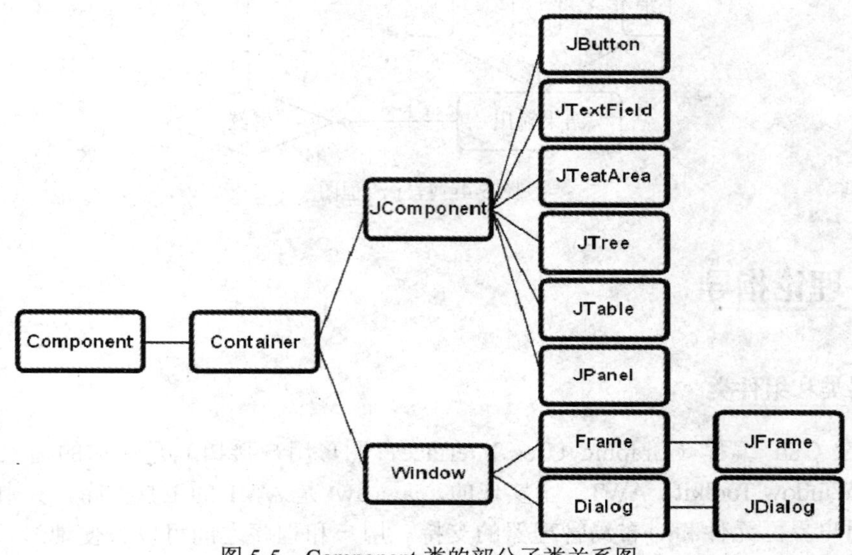

图 5-5　Component 类的部分子类关系图

1．容器类

（1）JFrame 类

JFrame 类是 Container 类的间接子类。是一种带标题框并且可以改变大小的窗口。包含一个称为内容面板（ContentPane）的容器，应当把组件添加到内容面板中。当需要一个窗口时，可使用 JFrame 或其子类创建一个对象。窗口也是一个容器，可以向窗口添加组件。需要注意的是，窗口默认地被系统添加到显示器屏幕上，因此，不允许将一个窗口添加到另一个容器中。

构造方法：

- JFrame()：该构造方法可以创建一个无标题的窗口，窗口的默认布局为 BorderLayout。
- JFrame(String s)：该构造方法可以创建一个标题为 s 的窗口，窗口的默认布局为 borderLayout。

常用方法：

- public void setBounds(int a,int b,int width,int height)：窗口调用该方法可以设置出现在屏幕上时的初始位置是(a,b)，即距屏幕左面 a 个像素、距屏幕上方 b 个像素；窗口的宽是 width，高是 height。
- public void setSize(int width,int height)：设置窗口的大小，窗口在屏幕的默认位置是(0,0)。
- public void setVisible(boolean b)：设置窗口是可见还是不可见，默认是不可见。
- public void setResizable(boolean b)：设置窗口是否可调整大小，默认是可调整大小。
- public void setDefaultCloseOperation(int operation)：设置单击窗体右上角的“关闭”图标后，程序会做出怎样的处理，operation 的取值如下：

  DO_NOTHING_ON_CLOSE　　什么也不做
  HIDE_ON_CLOSE　　隐藏当前窗口
  DISPOSE_ON_CLOSE　　隐藏当前窗口并释放窗口占有的资源
  EXIT_ON_CLOSE　　结束窗口所在的应用程序

（2）JPanel 类

JPanel 类是 Container（容器）类的子类，它不是顶层容器，因此 JPanel 类及其子类的实例也是一个容器，JPanel 型容器的默认布局是 FlowLayout。JPanel 类创建的对象称做面板，我们经常在一个面板里添加若干个组件后，再把面板放到另一个容器里。

构造方法：

- public JPanel()：该构造方法可以创建一个面板。
- public JPanel(LayoutManager layout)：该构造方法在创建面板的同时指定面板的布局。

（3）JScrollPane 类

javax.swing 包中的 JScrollPane 类也是 Container 类的子类，因此该类创建的对象也是一个容器，称为滚动面板。我们可以把一个组件放到一个滚动面板中，然后通过滚动条来观察这个组件。与 JPanel 创建的容器不同的是，JScrollPane 带有滚动条，而且只能向滚动面板添加一个组件。

构造方法：

- JScrollPane()：建立一个空的 JScrollPane 对象。
- JScrollPane(Component view)：建立一个新的 JScrollPane 对象，当组件内容大于显示区域时会自动出现滚动条。
- JScrollPane(Component view,int vsbPolicy,int hsbPolicy)：建立一个新的 JScrollPane 对象，里面含有显示组件，并设置滚动条的出现时机。
- JScrollPane(int vsbPolicy,int hsbPolicy)：建立一个新的 JScrollPane 对象，里面不含有显示组件，但可以设置滚动条的出现时机。

2. 组件类

（1）JTextField（文本框）组件

构造方法：

- JTextField(int x)：如果使用这个构造方法创建文本框对象，文本框中的可见字符序列的长度为 x 个机器字符长。文本框是可编辑的，用户可以在文本框中输入若干个字符。
- JTextField(String s)：如果使用这个构造方法创建文本框对象，则文本框的初始字符串为 s。文本框是可编辑的，可以在文本框中输入若干个字符。

常用方法：

- public void setText(String s)：文本框对象调用该方法可以设置文本框中的文本为参数 s 指定的文本，文本框中先前的文本将被清除。
- public String getText()：文本框对象调用该方法可以获取文本框中的文本。
- public void setEchoChar(char d)：文本框对象调用该方法可以设置在文本框中进行文字输入时，文本框只显示参数 c 指定的字符。
- public void setEditable(boolean b)：文本框对象调用该方法可以设置文本框的可编辑性。
- public void addActionListener(ActionListener l)：文本框对象调用该方法可以向文本框增加动作监视器（将监视器注册到文本框）。
- public void removeActionListener(ActionListener l)：文本框对象调用该方法可以移去文本框上的动作监视器。

（2）JButton（按钮）组件

JButton 组件是最简单的按钮组件，只是在按下和释放之间切换，可以通过捕获按下和释放的动作执行一些操作，从而完成和用户的交互。

构造方法：

- JButton(String text)：使用这个构造方法可以创建一个带文本标识的按钮。
- JButton(Icon icon)：使用这个构造方法可以创建一个带图像标识的按钮。
- JButton(String text,Icon icon)：使用这个构造方法可以创建一个带文本标识、又带图像标识的按钮。

常用方法：

- public void setLabel(String s)：调用该方法可以设置按钮上的名称。
- public void getLabel(String s)：调用该方法可以获取按钮上的名称。
- public void setEnabled(Boolean b)：设置按钮是否可用，设为 false 时表示不可用，默认为可用。
- public void setIcon(Icon defaultIcon)：设置按钮的默认图像。
- public void setRolloverIcon(Icon rolloverIcon)：设置光标移到按钮上时显示的图像。
- public void setPressedIcon(Icon pressedIcon)：设置当按钮被按下时显示的图像。
- public void setDisabledIcon(Icon disabledIcon)：设置按钮不可用时显示的图像。
- public void addActionListener(ActionListener m)：调用该方法可以向按钮增加动作监视器。
- public void removeActionListener(ActionListener m)：调用该方法可以移去按钮上的动作监视器。

5.2.2 布局管理器

Java 的 GUI 界面定义是由 AWT 类和 Swing 类来完成的。它在布局管理上面采用了容器和布局管理器分离的方案。也就是说，容器只将其他小件放入其中，而不管这些小件是如何放置的.对于布局的管理交给专门的布局管理器类（LayoutManager）来完成。

现在我们来看 Java 中布局管理器的具体实现。前面说过，Java 中的容器类（Container），只管加入小件（Meta），同时记录这些加入其内部的小件的个数，可以通过 container.getComponentCount()方法获得小件的数目，通过 container.getComponent(i)方法获得相应小件的句柄，然后 LayoutManager 类就可以通过这些信息来实际布局其中的小件了。

很多 AWT 和 Swing 类都提供通用的布局管理器，这些通用的布局管理器是 Java 中的标准布局管理器，包括：

- BorderLayout：边框布局。
- BoxLayout：盒状布局。
- CardLayout：卡片布局。
- FlowLayout：流动布局。
- GridBagLayout：网格包布局。
- GridLayout：网格布局。
- GroupLayout：主要用于集成开发工具使用的布局方式。
- SpringLayout：主要用于集成开发工具使用的布局方式。

1．BorderLayout（边框布局）

BorderLayout 是 Dialog 类和 Frame 类的默认布局管理器，它提供了一种较为复杂的组件布局管理方案，每个被 BorderLayout 管理的容器均被划分成五个区域：东（East）、南（South）、西（West）、北（North）、中（Center）。North 在容器的上部，East 在容器的右部，其他依此类推。Center 当然就是 East、South、West 和 North 所围绕的中部。

BorderLayout 布局管理器有两种构造方法：

- BorderLayout()：构造一个各部分间距为 0 的 BorderLayout 实例。
- BorderLayout(int,int)：构造一个各部分具有指定间距的 BorderLayout 实例。

在 BorderLayout 布局管理器的管理下，组件必须通过 add()方法加入到容器的五个命名区域之一，否则，它们将是不可见的。

需要特别注意的是，区域的名称和字母的大小写一定要书写正确。

在容器的每个区域只能加入一个组件。如果试图向某个区域中加入多个组件，那么其中只有一个组件是可见的。后面我们将会介绍如何通过使用内部容器在 BorderLayout 的一个区域内间接放入多个组件。

对 East、South、West 和 North 这四个边界区域，如果其中的某个区域没有使用，那么它的大小将变为 0，此时 Center 区域将会扩展并占据这个未用区域的位置。如果四个边界区域都没有使用，那么 Center 区域将会占据整个窗口。

例 5.1 通过代码实现对五个组件的布局，效果如图 5-6 所示。

```
import java.awt.*;
class Border
{   public static void main(String args[])
    { Frame win=new Frame("窗体");
      win.setBounds(100,100,300,300);
      win.setVisible(true);
      Button bSouth=new Button("我在南边"),
             bNorth=new Button("我在北边"),
             bEast =new Button("我在东边"),
             bWest =new Button("我在西边");
      TextArea bCenter=new TextArea("我在中心");
      win.add(bNorth,BorderLayout.NORTH);
      win.add(bSouth,BorderLayout.SOUTH);
      win.add(bEast,BorderLayout.EAST);
      win.add(bWest,BorderLayout.WEST);
      win.add(bCenter,BorderLayout.CENTER);
      win.validate();
    }
}
```

2. FlowLayout（流动布局）

FlowLayout 是 Panel 类的默认布局管理器。FlowLayout 布局管理器对组件逐行定位，行内从左到右，一行排满后换行；不改变组件的大小，按组件原有尺寸显示组件，可设置不同的组件间距、行距以及对齐方式。FlowLayout 布局管理器默认的对齐方式是居中。

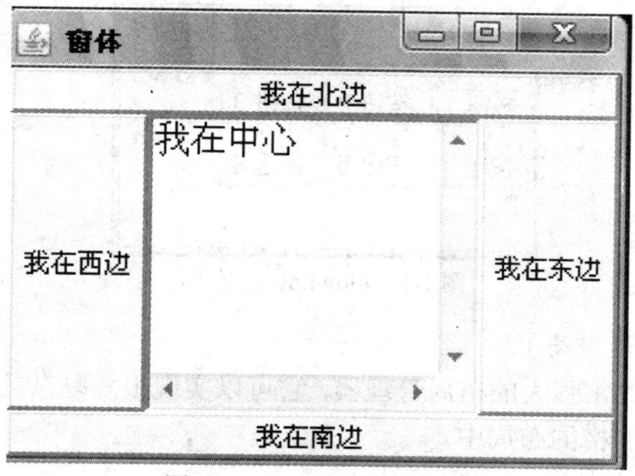

图 5-6 BorderLayout 布局

FlowLayout 的构造方法示例：

FlowLayout(FlowLayout.RIGHT,20,40)：右对齐，组件之间水平间距 20 个像素，垂直间距 40 个像素；

FlowLayout(FlowLayout.LEFT)：左对齐，水平间距和垂直间距为缺省值（5）；

FlowLayout()：使用缺省的居中对齐方式，水平和垂直间距为缺省值（5）。

例 5.2 实现对 6 个按钮的 FlowLayout 布局，效果如图 5-7 所示。

```
import java.awt.*;
class WindowFlow extends Frame
{   WindowFlow(String s)
     { super(s);
       FlowLayout flow=new FlowLayout();
       flow.setAlignment(FlowLayout.LEFT);
       flow.setHgap(2);
       flow.setVgap(8);
       setLayout(flow);
       for(int i=1;i<=5;i++)
          { Button b=new Button("按钮 "+i);
            add(b);
          }
       setBounds(100,100,150,120);
       setVisible(true);
     }
}
public class Flow
{   public static void main(String args[])
    { WindowFlow win=new WindowFlow("FlowLayout 布局窗口");
    }
}
```

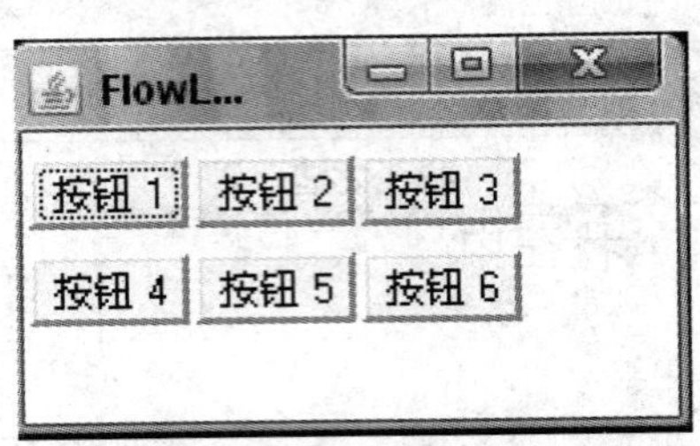

图 5-7　FlowLayout 布局

3. GridLayout（网格布局）

GridLayout 是一个非常强大的布局管理器，它可以实现很多复杂的布局，名字中即暗示它将所有控件放置在类似网格的布局中。

GridLayout 的构造函数：

public GridLayout()：建立一个默认的 GridLayout 布局。

public GridLayout(int m, int n)：建立一个 GridLayout 布局，拥有网格的行数是 m 行和 n 列，依据窗口的大小平均划分行数和列数。

使用 GridLayout 布局的容器调用 add 方法将组件加入容器，组件加入容器的顺序是按照第一行第一个、第一行第二个、……、第一行最后一个、第二行第一个、……、最后一行第一个、……、最后一行最后一个的顺序。

例 5.3　实现对 9 个按钮的 GridLayout 布局，在布局中实现三行三列，效果如图 5-8 所示。

```
import java.awt.*;
import javax.swing.*;
public class GridLayoutTest
{
    public static void main(String[] args)
    {
        JFrame.setDefaultLookAndFeelDecorated(true);
        JFrame frame = new JFrame("GridLayout Test");
        frame.setDefaultCloseOperation(JFrame.EXIT_ON_CLOSE);
        frame.setLayout(new GridLayout(3, 3));
        frame.add(new JButton("Button 1"));
        frame.add(new JButton("Button 2"));
        frame.add(new JButton("Button 3"));
        frame.add(new JButton("Button 4"));
        frame.add(new JButton("Button 5"));
        frame.add(new JButton("Button 6"));
        frame.add(new JButton("Button 7"));
        frame.add(new JButton("Button 8"));
        frame.pack();
        frame.setVisible(true);
    }
}
```

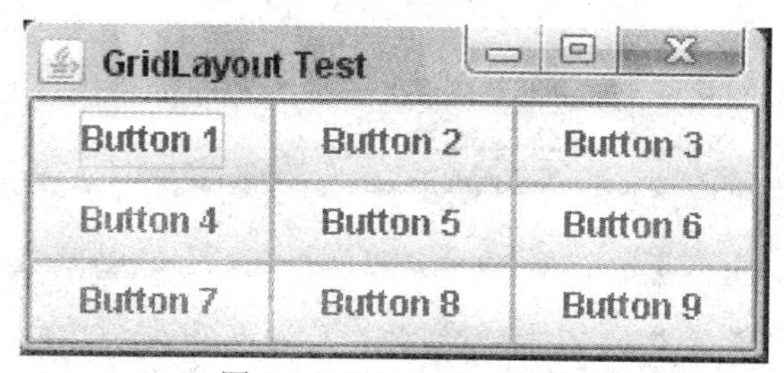

图 5-8　GridLayout 布局

4. CardLayout（卡式布局）

CardLayout 布局管理器能够帮助用户处理两个以至更多的成员共享同一显示空间，它把容器分成许多层，每层的显示空间都占据整个容器的大小，但每层只允许放置一个组件，当然每层也可以利用 Panel 来实现复杂的用户界面。CardLayout 就像一副叠得整整齐齐的扑克牌一样，有 54 张牌，但是你只能看见最上面的一张牌，每一张牌就相当于布局管理器中的一层。使用卡式布局的一般步骤如下：

（1）创建 CardLayout 对象作为面板，如：

```
CardLayout card = new CardLayout();
```

（2）容器使用 setLayout(card)方法设置布局，如：

```
panelMain.setLayout(card);
```

（3）容器调用 add(String s,Componnemt Ƃ)方法将组件 b 加入到容器，并给出显示该组件的代号 s。最先加入的是第一张，依次排序，组件的代号是另外给的，和组件的名字没有必然联系，不同的组件代号互不相同。

（4）创建的布局 card 用 CardLayout 类提供的 show()方法，根据容器 con 和其中的组件代号 s 显示这一组件：

```
card.show(con,s);
```

也可以按组件加入容器的顺序显示组件，如：

```
card.next(con);          //下一个
card.previous(con);      //前一个
card.first(con);         //第一个
card.last(con);          //最后一个
```

例 5.4　定义三张卡片，第一张卡片显示一个标签，第二张卡片是黄色背景，第三张卡片实现 BorderLayout()布局，按顺序添加三张卡片，在窗口的左边定义四个按钮，通过这四个按钮控制每次显示哪张卡片。运行效果如图 5-9 所示。

```
import javax.swing.*;
import java.awt.*;
import java.awt.event.*;
  public class CardDeck extends JFrame
                          implements ActionListener {
    public CardLayout cardManager;
```

```
public JPanel deck;
private JButton controls[];
private String names[] = { "First card", "Next card",
                                        "Previous card", "Last card" };
  public CardDeck()
{
    super( "CardLayout " );
    Container c = getContentPane();
    deck = new JPanel();
    cardManager = new CardLayout();
    deck.setLayout( cardManager );
    JLabel label1 =
        new JLabel( "card one", SwingConstants.CENTER );
    JPanel card1 = new JPanel();
    card1.add( label1 );
    deck.add( card1, label1.getText() ); //添加卡片
    JLabel label2 =
        new JLabel( "card two", SwingConstants.CENTER );
    JPanel card2 = new JPanel();
    card2.setBackground( Color.yellow );
    card2.add( label2 );
    deck.add( card2, label2.getText() ); // 添加卡片
    JLabel label3 = new JLabel( "card three" );
    JPanel card3 = new JPanel();
    card3.setLayout( new BorderLayout() );
    card3.add( new JButton( "North" ), BorderLayout.NORTH );
    card3.add( new JButton( "West" ), BorderLayout.WEST );
    card3.add( new JButton( "East" ), BorderLayout.EAST );
    card3.add( new JButton( "South" ), BorderLayout.SOUTH );
    card3.add( label3, BorderLayout.CENTER );
    deck.add( card3, label3.getText() ); // 添加卡片
    JPanel buttons = new JPanel();
    buttons.setLayout( new GridLayout( 2, 2 ) );
    controls = new JButton[ names.length ];
    for ( int i = 0; i < controls.length; i++ ) {
        controls[ i ] = new JButton( names[ i ] );
        controls[ i ].addActionListener( this );
        buttons.add( controls[ i ] );
    }
    c.add( buttons, BorderLayout.WEST );
    c.add( deck, BorderLayout.EAST );
    setVisible(true);
    setSize( 450, 200 );
}
  public void actionPerformed( ActionEvent e )
{
```

```
        if ( e.getSource() == controls[ 0 ] )
            cardManager.first( deck ); //显示第一个卡片
        else if ( e.getSource() == controls[ 1 ] )
            cardManager.next( deck );  //显示下一张卡片
        else if ( e.getSource() == controls[ 2 ] )
            cardManager.previous( deck );  //显示上一张卡片
        else if ( e.getSource() == controls[ 3 ] )
            cardManager.last( deck );  //显示最后一张卡片
    }
    public static void main( String args[] )
    {
        CardDeck cardDeckDemo = new CardDeck();
        cardDeckDemo.cardManager.last(cardDeckDemo.deck);
        cardDeckDemo.addWindowListener(
            new WindowAdapter() {
                public void windowClosing( WindowEvent e )
                {
                    System.exit( 0 );
                }
            }
        );
    }
}
```

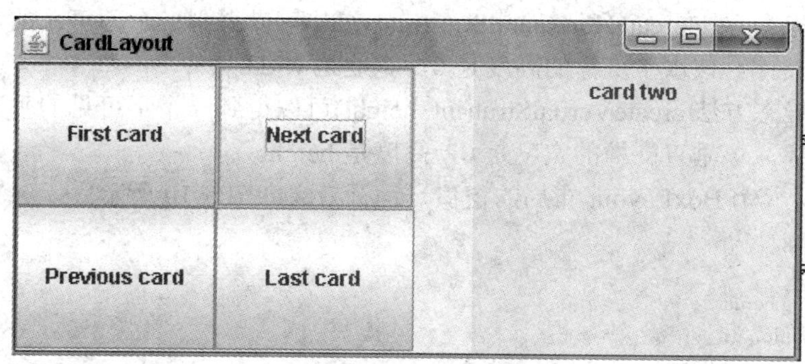

图 5-9　CardLayout 卡式布局

5. BoxLayout（盒式布局）

BoxLayout 布局管理器在 javax.swing.border 包中。它提供了一个 Box 类，该类也是 Container 类的一个子类，创建的容器称为一个盒式容器，默认布局是盒式布局，而且不允许更改盒式容器的布局。

BoxLayout 布局允许将控件按照 X 轴（从左到右）或者 Y 轴（从上到下）方向来摆放，排列在一行或一列，这取决于创建盒式布局时指定的是行排列还是列排列，而且沿着主轴能够设置不同尺寸。

构造方法：

Public BoxLayout(Container target,int axis)：target 参数是表示当前管理的容器，axis 是指哪个轴，有四个值：

X_AXIS：从左到右水平布置组件。

Y_AXIS：从上到下垂直布置组件。

LINE_AXIS：根据容器的 ComponentOrientation 属性，按照文字在一行中的排列方式布置组件。如果容器的 ComponentOrientation 表示水平，则将组件水平放置，否则将它们垂直放置。对于水平方向，如果容器的 ComponentOrientation 从左到右，则组件从左到右放置，否则将它们从右到左放置；对于垂直方向，组件总是从上到下放置的。

PAGE_AXIS：根据容器的 ComponentOrientation 属性，按照文本行在一页中的排列方式布置组件。如果容器的 ComponentOrientation 表示水平，则将组件垂直放置，否则将它们水平放置。对于水平方向，如果容器的 ComponentOrientation 从左到右，则组件从左到右放置，否则将它们从右到左放置；对于垂直方向，组件总是从上向下放置的。

行型盒式布局容器中添加组件的上沿在同一水平线上，列型盒式布局容器中添加的组件的左沿在同一垂直线上。

使用 Box 类的类方法 createHorizontalBox()可以获得一个具有行型盒式布局的盒式容器，使用 Box 类的类方法 createVerticalBox()可以获得一个具有列型盒式布局的盒式容器。

如果想控制盒式布局中组件之间的距离，就需要使用水平支撑组件或垂直支撑组件。

Box 类调用静态方法 createHorizontalStrut(int width)可以得到一个不可见的水平 Strut 类型对象，称为水平支撑。该水平支撑的高度是 0，宽度是 width。

Box 类调用静态方法 createVertialStrut(int height)可以得到一个不可见的垂直 Strut 类型对象，称为垂直支撑。该垂直支撑的宽度是 0，高度是 height。

例 5.5 定义一个 BoxLayout 布局的窗口，运行效果如图 5-10 所示。

```
import javax.swing.*;
import java.awt.*;
import javax.swing.border.*;
public class Example7_16
{   public static void main(String args[])
    {   new WindowBox();
    }
}
class WindowBox extends Frame
{     Box baseBox ,boxV1,boxV2;
      WindowBox()
      { boxV1=Box.createVerticalBox();
        boxV1.add(new Label("姓名"));
        boxV1.add(Box.createVerticalStrut(8));
        boxV1.add(new Label("email"));
        boxV1.add(Box.createVerticalStrut(8));
```

```
        boxV1.add(new Label("职业"));
        boxV2=Box.createVerticalBox();
        boxV2.add(new TextField(12));
        boxV2.add(Box.createVerticalStrut(8));
        boxV2.add(new TextField(12));
        boxV2.add(Box.createVerticalStrut(8));
        boxV2.add(new TextField(12));
        baseBox=Box.createHorizontalBox();
        baseBox.add(boxV1);
        baseBox.add(Box.createHorizontalStrut(10));
        baseBox.add(boxV2);
        setLayout(new FlowLayout());
        add(baseBox);
        setBounds(120,125,250,150);
        setVisible(true);
    }
}
```

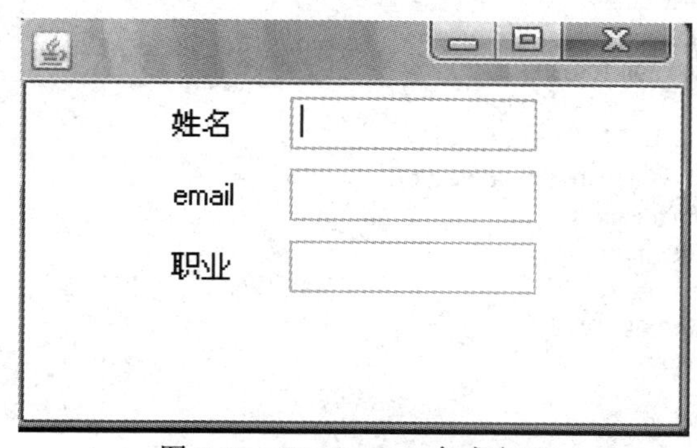

图 5-10　BoxLayout 盒式布局

5.2.3　监视器

图形用户界面通过事件机制响应用户和程序的交互。产生事件的组件称为事件源。如当用户单击某个按钮时就会产生动作事件，该按钮就是事件源。要处理产生的事件，需要在特定的方法中编写处理事件的程序。这样，当产生某种事件时就会调用处理这种事件的方法，从而实现用户与程序的交互，这就是图形用户界面事件处理的基本原理。

1. Java 事件处理概述

JDK1.1 之后 Java 采用的是事件源——事件监听者模型，引发事件的对象称为事件源，而接收并处理事件的对象是事件监听者，无论应用程序还是小程序都采用这一机制。

引入事件处理机制后的编程基本方法如下：

java.awt 中组件实现事件处理必须使用 java.awt.event 包，所以在程序开始应加入 import java.awt.event.*语句。

用如下语句设置事件监听者：事件源.addXXListener（XXListener 代表某事件监听者）。

事件监听者所对应的类实现事件所对应的接口 XXListener，并重写接口中的全部方法。

这样就可以处理图形用户界面中的对应事件了。要删除事件监听者可以使用语句：事件源.removeXXListener。

例 5.6 程序演示了按钮单击事件的处理方法。用户单击“点击”按钮，会使窗口的背景色变为红色，效果如图 5-11 所示。

```
import javax.swing.*;
import java.awt.*;
import java.awt.event.*;
  class ThisClassEvent extends JFrame implements ActionListener{
      JButton btn;
      public ThisClassEvent(){
                  setLayout(new FlowLayout());
        setDefaultCloseOperation(JFrame.EXIT_ON_CLOSE);
          btn=new JButton("点击");
        btn.addActionListener(this);
        getContentPane().add(btn);
          setBounds(200,200,300,160);
        setVisible(true);
    }
         public void actionPerformed (ActionEvent e){
        Container c=getContentPane();
        c.setBackground(Color.red);
    }
     public static void main(String args[]){
        new ThisClassEvent();
    }
}
```

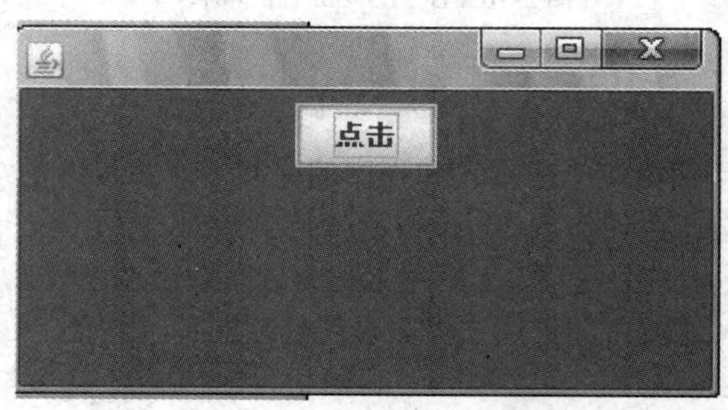

图 5-11　Java 事件处理示例

该例中，用户单击事件源即按钮 btn，触发 ActionEvent，该事件不是由事件源本身处理，而是传递给动作事件监听者，从而自动调用 actionPerformed 方法对事件进行处理。

2. Java 常用事件

Java 将所有组件可能发生的事件进行分类，具有共同特征的事件被抽象为一个事件类

AWTEvent，其中包括 ActionEvent 类（动作事件）、MouseEvent 类（鼠标事件）、KeyEvent 类（键盘事件）等。表 5-1 列出了常用 Java 事件类、处理该事件的接口及接口中的方法。

表 5-1　Java 处理事件的接口及接口中的方法

事件类/接口名称	接口方法及说明
ActionEvent 动作事件类 ActionListener 接口	actionPerformed(ActionEvent e) 单击按钮、选择菜单项或在文本框中按回车时
AdjustmentEvent 调整事件类 AdjustmentListener 接口	adjustmentValueChanged(AdjustmentEvent e) 当改变滚动条滑块位置时
ContainerEvent 容器事件类 ContainerListener 接口	componentAdded(ContainerEvent e) 添加组件时 componentRemoved(ContainerEvent e) 移除组件时
FocusEvent 焦点事件类 FocusListener 接口	focusGained(FocusEvent e)组件获得焦点时 focusLost(FocusEvent e)组件失去焦点时
ItemEvent 选择事件类 ItemListener 接口	itemStateChanged(ItemEvent e) 选择复选框、选项框，单击列表框，选中带复选项菜单时
KeyEvent 键盘事件类 KeyListener 接口	keyPressed(KeyEvent e) 键按下时 keyReleased(KeyEvent e) 键释放时 keyTyped(KeyEvent e) 击键时
MouseEvent 鼠标事件类 MouseListener 接口	mouseClicked(MouseEvent e) 单击鼠标时 mouseEntered(MouseEvent e) 鼠标进入时 mouseExited(MouseEvent e) 鼠标离开时 mousePressed(MouseEvent e) 鼠标键按下时 mouseReleased(MouseEvent e) 鼠标键释放时
MouseEvent 鼠标移动事件类 MouseMotionListener 接口	mouseDragged(MouseEvent e) 鼠标拖放时 mouseMoved(MouseEvent e) 鼠标移动时
TextEvent 文本事件类 TextListener 接口	textValueChanged(TextEvent e) 文本框、多行文本框内容修改时
WindowEvent 窗口事件类 WindowListener 接口	windowOpened(WindowEvent e) 窗口打开后 windowClosed(WindowEvent e) 窗口关闭后 windowClosing(WindowEvent e) 窗口关闭时 windowActivated(WindowEvent e) 窗口激活时 windowDeactivated(WindowEvent e) 窗口失去焦点时 windowIconified(WindowEvent e) 窗口最小化时 windowDeiconified(WindowEvent e) 最小化窗口还原时

每个事件类都提供下面常用的方法：

public int getID()：返回事件的类型。

public Object getSource()：返回事件源的引用。

当多个事件源触发的事件由一个共同的监听器处理时，我们可以通过 getSource 方法判断当前的事件源是哪一个组件。

任务 3　计算器总体设计

因为要制作计算器，所以首先定义具有计算功能的类 MyFrame。在类 MyFrame 中定义窗口、按键、面板、文本框等组件，将文本框添加到 MyFrame 里，设计布局 add(result, BorderLayout.NORTH)，然后将组件添加到容器 panel 里面，接着把 panel 添加到 MyFrame 里，最后添加事件监听，对相应的按钮事件写出相应的函数处理即可。

计算器的设计要点有以下四个：

- 界面的设计：Swing 布局。
- 数据输入：鼠标事件响应。
- 数据存储：链表的应用。
- 数据处理：整型、字符型和浮点数处理，计算器的核心功能实现。

系统功能模块图如图 5-12 所示。

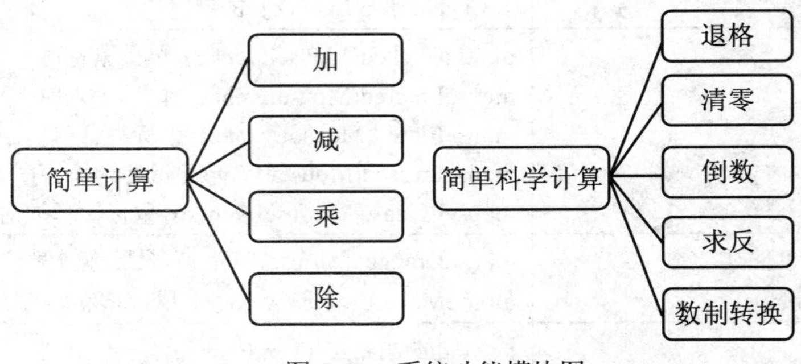

图 5-12　系统功能模块图

任务 4　详细设计与编码实现

5.4.1　设计计算器界面

顶层容器：ComputerPad 类实现主窗口，顶层容器中包含了 1 个 panel 容器，1 个 resultShow 文本框和 1 个 process 文本框。

各组件作用：panel 容器用于放数字按钮、小数点、运算符按钮、清零按钮、正负转换按钮以及退格按钮；文本框用于显示输入过程、输入数据和计算结果。

布局方式：顶层容器用 BorderLayout 布局，resultShow 文本框、Process 文本框以及 panel 容器分别放在顶层容器的 center、north 和 south 面，panel 容器用 GridLayout 布局。

部分代码如下：

数字按钮类：实现数字按钮的定义。

```
public class NumberButton extends Button{}
```

运算符按钮类：实现运算符号的定义。

```
public class OperationButton extends Button{}
```

主窗口类实现监视器的注册、窗口布局、组件颜色大小等的设置。

```
class MyFrame extends JFrame implements ActionListener
{
        JButton numberButton[];//数字按钮
        JButton operationButton[];//加减乘除按钮
        JButton  小数点按钮,倒数按钮,等号按钮,退格按钮,清零按钮,正负号按钮;
        JPanel p1;
        JTextField result;
    String  运算符号[]={"+","-","*","/"};

    LinkedList link;
    MyFrame(String s)
    {
            super(s);
            link=new LinkedList();
            numberButton=new JButton[10];
            for(int i=0;i<=9;i++)
            {
                numberButton[i]=new JButton(""+i);
                numberButton[i].setForeground(Color.blue);
                numberButton[i].addActionListener(this);
            }
            //加减乘除按钮
            operationButton=new JButton[4];
             for(int i=0;i<=3;i++)
            {
                    operationButton[i]=new JButton(运算符号[i]);
                    operationButton[i].addActionListener(this);
            }

            //其他按钮
            小数点按钮=new JButton(".");
            正负号按钮=new JButton("+/-");
            等号按钮=new JButton("=");
            倒数按钮=new JButton("1/x");
            退格按钮=new JButton("退格");
            退格按钮.setFont(new Font("TimesRoman",Font.PLAIN,12));
            清零按钮=new JButton("C");
```

```
清零按钮.setForeground(Color.red);
退格按钮.setForeground(Color.red);
等号按钮.setForeground(Color.red);
倒数按钮.setForeground(Color.blue);
正负号按钮.setForeground(Color.blue);
小数点按钮.setForeground(Color.blue);
退格按钮.addActionListener(this);
清零按钮.addActionListener(this);
等号按钮.addActionListener(this);
小数点按钮.addActionListener(this);
正负号按钮.addActionListener(this);
倒数按钮.addActionListener(this);


result=new JTextField(10);
result.setHorizontalAlignment(JTextField.RIGHT);
result.setForeground(Color.blue);
result.setFont(new Font("TimesRoman",Font.PLAIN,20));
result.setBackground(Color.white);

result.setEditable(false);
add(result,BorderLayout.NORTH);


p1=new JPanel();
p1.setLayout(new GridLayout(4,5,2,2));
p1.add(numberButton[1]);
p1.add(numberButton[2]);
p1.add(numberButton[3]);
p1.add(operationButton[0]);
p1.add(清零按钮);

p1.add(numberButton[4]);
p1.add(numberButton[5]);
p1.add(numberButton[6]);
p1.add(operationButton[1]);
p1.add(退格按钮);

p1.add(numberButton[7]);
p1.add(numberButton[8]);
p1.add(numberButton[9]);
p1.add(operationButton[2]);
p1.add(倒数按钮);

p1.add(numberButton[0]);
p1.add(正负号按钮);
p1.add(小数点按钮);
```

```
            p1.add(operationButton[3]);
            p1.add(等号按钮);


             add(p1,BorderLayout.CENTER);

             setVisible(true);
             setBounds(100,50,320,240);
             setResizable(false);
             validate();
        setDefaultCloseOperation(JFrame.DISPOSE_ON_CLOSE);
    }
```

5.4.2 实现计算器功能

模块功能：实现数据输入、保存、运算以及显示。

具体实现：将主窗口作为窗口中所有组件的监视器，链表用来存储输入的数字以及操作符以便运算时提取出来，用 if…else if 语句对数字按钮、小数点、运算符按钮、清零按钮、正负转换按钮以及退格按钮 6 种情况进行相应处理，其中除了清零按钮，每种情况又分成链表长度为 1、2、3，分别作相应的处理。

事件响应模块的框架代码如下：

```
public void actionPerformed(ActionEvent e){
```

按下数字按钮时的事件处理：

```
if(e.getSource() instanceof NumberButton)
{
    NumberButton b=(NumberButton)e.getSource();
    if(链表.size()==0) {}
    else if(链表.size()==1&&是否按下等号==false){}
    else if(链表.size()==1&&是否按下等号==true) {}
    else if(链表.size()==2)   {}
    else if(链表.size()==3)   {}
    }
    //按下运算符号时的事件处理
    else if(e.getSource() instanceof OperationButton)
    {
        OperationButton b=(OperationButton)e.getSource();
        if(链表.size()==1) {}
        else if(链表.size()==2) {}
        else if(链表.size()==3)   {}
    }
    //按下等号后的事件处理
    else if(e.getSource()==等号按钮)
    {
        是否按下等号=true;
        if(链表.size()==1||链表.size()==2) {}
```

```
            else if(链表.size()==3) {}
        }
        //按下小数点后的事件处理
        else if(e.getSource()==小数点按钮)
        {
            if(链表.size()==0)   {}
            else if(链表.size()==1)   {}
            else if(链表.size()==3) {}
        }
        //按下退格键后的事件处理
        else if(e.getSource()==退格按钮)
        {
            if(链表.size()==1)   {}
            else if(链表.size()==3) {}
        }
        //按下正负号后的事件处理
        else if(e.getSource()==正负号按钮)
        {
            if(链表.size()==1) {}
            else if(链表.size()==3) {}
        }
        //按下求倒数按钮后的事件处理
        else if(e.getSource()==求倒数按钮)
        {
            if(链表.size()==1||链表.size()==2) {}
            else if(链表.size()==3) {}
        }
        //按下清零按钮后的事件处理
        else if(e.getSource()==清零按钮) {}
        }
}
```

任务 5　计算器程序清单

```
import java.awt.*;
import javax.swing.*;
import javax.swing.border.*;
import java.util.LinkedList;
import java.text.NumberFormat;
import java.awt.event.*;
public class Calculator
{
    public static void main(String[] args)
    {
        MyFrame myFrame=new MyFrame("计算器");
    }
```

```
}
class MyFrame extends JFrame implements ActionListener
{
        JButton numberButton[];//数字按钮
        JButton operationButton[];//加减乘除按钮
        JButton 小数点按钮,倒数按钮,等号按钮,退格按钮,清零按钮,正负号按钮;
        JPanel p1;
        JTextField result;
        String 运算符号[]={"+","-","*","/"};

        LinkedList link;
    MyFrame(String s)
    {
            super(s);
            link=new LinkedList();
          numberButton=new JButton[10];
          for(int i=0;i<=9;i++)
          {
             numberButton[i]=new JButton(""+i);
             numberButton[i].setForeground(Color.blue);
               numberButton[i].addActionListener(this);
          }
          //加减乘除按钮
          operationButton=new JButton[4];
           for(int i=0;i<=3;i++)
          {
                     operationButton[i]=new JButton(运算符号[i]);
                     operationButton[i].addActionListener(this);
           }

          //其他按钮
          小数点按钮=new JButton(".");
          正负号按钮=new JButton("+/-");
          等号按钮=new JButton("=");
          倒数按钮=new JButton("1/x");
          退格按钮=new JButton("退格");
          退格按钮.setFont(new Font("TimesRoman",Font.PLAIN,12));
          清零按钮=new JButton("C");

          清零按钮.setForeground(Color.red);
          退格按钮.setForeground(Color.red);
          等号按钮.setForeground(Color.red);
          倒数按钮.setForeground(Color.blue);
          正负号按钮.setForeground(Color.blue);
          小数点按钮.setForeground(Color.blue);
          退格按钮.addActionListener(this);
          清零按钮.addActionListener(this);
          等号按钮.addActionListener(this);
```

```
小数点按钮.addActionListener(this);
正负号按钮.addActionListener(this);
倒数按钮.addActionListener(this);


result=new JTextField(10);
result.setHorizontalAlignment(JTextField.RIGHT);
result.setForeground(Color.blue);
result.setFont(new Font("TimesRoman",Font.PLAIN,20));
result.setBackground(Color.white);

result.setEditable(false);
add(result,BorderLayout.NORTH);


p1=new JPanel();
p1.setLayout(new GridLayout(4,5,2,2));
p1.add(numberButton[1]);
p1.add(numberButton[2]);
p1.add(numberButton[3]);
p1.add(operationButton[0]);
p1.add(清零按钮);

p1.add(numberButton[4]);
p1.add(numberButton[5]);
p1.add(numberButton[6]);
p1.add(operationButton[1]);
p1.add(退格按钮);

p1.add(numberButton[7]);
p1.add(numberButton[8]);
p1.add(numberButton[9]);
p1.add(operationButton[2]);
p1.add(倒数按钮);

p1.add(numberButton[0]);
p1.add(正负号按钮);
p1.add(小数点按钮);
p1.add(operationButton[3]);
p1.add(等号按钮);


add(p1,BorderLayout.CENTER);

setVisible(true);
setBounds(100,50,320,240);
setResizable(false);
validate();
```

```
            setDefaultCloseOperation(JFrame.DISPOSE_ON_CLOSE);
        }

        public void actionPerformed(ActionEvent e)
        {

          if(e.getSource()==numberButton[0]||e.getSource()==numberButton[1]||e.getSource()==numberButton[2]||e.getSource()
==numberButton[3]||e.getSource()==numberButton[4]||e.getSource()==numberButton[5]||e.getSource()==numberButton[6]||e.getSo
urce()==numberButton[7]||e.getSource()==numberButton[8]||e.getSource()==numberButton[9])

            {
                JButton b=(JButton)e.getSource();
                if(link.size()==0)
                {
                    int number=Integer.parseInt(b.getLabel());
                    link.add(""+number);
                    result.setText(""+number);

                }
                else if(link.size()==1 )
                {
                    String number=b.getLabel();
                    String num=(String)link.getFirst();
                    String s=num+number;
                    link.set(0,s);
                    result.setText(s);
                }

                else if(link.size()==2)
                {
                    int number=Integer.parseInt(b.getLabel());
                    link.add(""+number);
                    result.setText(""+number);
                }
                else if(link.size()==3)
                {
                    String number=b.getLabel();
                    String num=(String)link.getLast();
                    String s=num+number;
                    link.set(2,s);
                    result.setText(s);
                }
            }
            else if(e.getSource()==operationButton[0]||e.getSource()==operationButton[1]||e.getSource()==
    operationButton[2]||e.getSource()==operationButton[3])

            {
                JButton b=(JButton)e.getSource();
```

```
            if(link.size()==1)
            {
                String fuhao=b.getLabel();
                link.add(fuhao);
            }
            else if(link.size()==2)
            {
                String fuhao=b.getLabel();
                link.set(1,fuhao);
            }
            else if(link.size()==3)
            {
                String fuhao=b.getLabel();
                String num1=(String)link.getFirst();
                String num2=(String)link.getLast();
                String 运算符号=(String)link.get(1);
                try
                {
                    double n1=Double.parseDouble(num1);
                    double n2=Double.parseDouble(num2);
                    double n=0;
                    if(运算符号.equals("+"))
                    {
                        n=n1+n2;
                    }
                    else if(运算符号.equals("-"))
                    {
                        n=n1-n2;
                    }
                    else if(运算符号.equals("*"))
                    {
                        n=n1*n2;
                    }
                    else if(运算符号.equals("/"))
                    {
                        n=n1/n2;
                    }
                    link.clear();
                    link.add(""+n);
                    link.add(fuhao);
                    result.setText(""+n);
                }
                catch (Exception ex)
                {
                }

            }
        }
```

```
        else if(e.getSource()==等号按钮)
  {

      if(link.size()==1||link.size()==2)
      {
        String num=(String)link.getFirst();
        result.setText(""+num);
      }
      else if(link.size()==3)
      {
        String number1=(String)link.getFirst();
        String number2=(String)link.getLast();
        String  运算符号=(String)link.get(1);
        try
         {
             double n1=Double.parseDouble(number1);
             double n2=Double.parseDouble(number2);
             double n=0;
             if(运算符号.equals("+"))
               {
                  n=n1+n2;
               }
             else if(运算符号.equals("-"))
               {
                  n=n1-n2;
               }
             else if(运算符号.equals("*"))
               {
                  n=n1*n2;
               }
              else if(运算符号.equals("/"))
               {
                  n=n1/n2;
               }
             result.setText(""+n);
             link.set(0,""+n);
             link.remove(2);
             link.remove(1);


         }
        catch(Exception ee)
          {
          }
      }
  }
 else if(e.getSource()==小数点按钮)
   {
```

```
        if(link.size()==1)
        {
            String dot=小数点按钮.getLabel();
            String num=(String)link.getFirst();
            String s=null;
            if(num.indexOf(dot)==-1)
                {
                  s=num.concat(dot);
                  link.set(0,s);
                }
            else
                {
                  s=num;
                }
            link.set(0,s);
            result.setText(s);
        }

      else if(link.size()==3)
        {
            String dot=小数点按钮.getLabel();
            String num=(String)link.getLast();
            String s=null;
            if(num.indexOf(dot)==-1)
              {
                s=num.concat(dot);
                link.set(2,s);
              }
            else
              {
                s=num;
              }
            result.setText(s);
        }
    }
    else if(e.getSource()==退格按钮)
    {
      if(link.size()==1)
        {
          String num=(String)link.getFirst();
          if(num.length()>=1)
            {
              num=num.substring(0,num.length()-1);
              link.set(0,num);
              result.setText(num);
            }
          else
```

```
            {
                link.removeLast();
                result.setText("0");
            }
        }
    else if(link.size()==3)
        {
            String num=(String)link.getLast();
            if(num.length()>=1)
            { num=num.substring(0,num.length()-1);
                link.set(2,num);
                result.setText(num);
            }
            else
            {
                link.removeLast();
                result.setText("0");
            }
        }
    }
else if(e.getSource()==正负号按钮)
    {
    if(link.size()==1)
        {
        String number1=(String)link.getFirst();
            try
                {
                    double d=Double.parseDouble(number1);
                    d=-1*d;
                    String str=String.valueOf(d);
                    link.set(0,str);
                    result.setText(str);
                }
            catch(Exception ee)
                {
                }
        }
    else if(link.size()==3)
        {
        String number2=(String)link.getLast();
            try
                {
                    double d=Double.parseDouble(number2);
                    d=-1*d;
                    String str=String.valueOf(d);
                    link.set(2,str);
                    result.setText(str);
                }
```

```
                catch(Exception ee)
                    {
                    }
            }
        }
    else if(e.getSource()==倒数按钮)
        {
            if(link.size()==1||link.size()==2)
            {
                String number1=(String)link.getFirst();
                try
                    {
                        double d=Double.parseDouble(number1);
                        d=1.0/d;
                        String str=String.valueOf(d);
                        link.set(0,str);
                        result.setText(str);
                    }
                catch(Exception ee)
                    {
                    }
            }
            else if(link.size()==3)
            {
                String number2=(String)link.getLast();
                try
                    {
                        double d=Double.parseDouble(number2);
                        d=1.0/d;
                        String str=String.valueOf(d);
                        link.set(2,str);
                        result.setText(str);
                    }
                catch(Exception ee)
                    {
                    }
            }
        }
    else if(e.getSource()==清零按钮)
        {

            result.setText("0");
            link.clear();
        }
    }
}
```

任务6　计算器运行与发布

首先将应用程序装配成一个 JAR 文件，并命名为 Calculator，从命令行窗口运行 Calculator 程序，步骤如下：

在命令行窗口输入下列命令：

```
java -jar Calculator.jar
```

这里：

java：运行 java 文件的 Java 工具。

Jar：该选项告诉 Java VM（Java 虚拟机）这是一个打包文件。

Calculator.jar：包文件的名字。

习　题

请完成计算器的编写和发布。

6

文本编辑器的开发

目前文本编辑器种类很多，所提供的功能也很多，但是能满足用户多种功能需求并能进行 Java 编译与运行的很少，不能更好地适应当前用户的要求。下面利用 Eclipse 开发环境给出用 Java 语言开发的文本编辑器。该文本编辑器具有读出、写入、编辑文本文件，设定文字颜色、字形和编辑区域背景颜色等基本功能。

- 理解 Swing 相关组件
- 掌握文本编辑器的相关设计方法
- 掌握文本编辑器的运行与发布

任务 1　文本编辑器功能描述

利用 Java 制作一个简单的文本编辑器，交互性要求：

（1）可输入文字。

（2）实现一些常用的功能：设置字体和颜色。

（3）可打开并显示 TXT 文件，并且可以将编辑结果保存为 TXT 文件。

任务 2 理论指导

6.2.1 Swing 相关组件

Java Swing 是 Java 语言中用来实现 GUI（Graphic User Interface，图形用户界面）的类库。GUI 是让程序与用户之间的交互更加友好的一种机制，为用户提供直观的、可视化的交互界面。Swing 组件是完全用 Java 语言编写、操作和显示的。Swing 组件是 Java 语言中的基础类库，可以用来开发跨平台 GUI 组件。

Swing 中不但提供了很多功能完善的控件，而且还具有良好的扩展能力，用 Swing 来进行交互界面的开发是一件令开发人员非常愉快的工作。

Swing 类库是非常庞大的，功能涉及到了图形用户界面开发的各个方面，其中大部分相关类都位于 javax.swing 包及其子包当中，表 6-1 列出了 Swing 库中的每个包及其相关功能的说明。

表 6-1 Swing 库中的包及其功能说明

包名	功能说明
javax.accessibility	该包中提供了很多具有辅助功能的类和接口，这些类和接口可以与 Swing 控件进行交互。从技术上讲，该包中的内容不是 Swing 的一部分，但是由于其在 Swing 中应用得非常广泛，也将其列了出来
javax.swing	该包中提供了大量 Swing 控件的模型接口与支持类
javax.swing.border	该包中提供了用来绘制控件周围的特殊边框的类，其中包括抽象边框类以及 8 种预定义的边框实现
javax.swing.colorchooser	该包中包含了为 JColorChooser 控件提供支持的类
javax.swing.event	该包中的类与接口是关于 Swing 监听器和事件的
javax.swing.filechooser	该包中包含了为 JFileChooser 控件提供支持的类
javax.swing.plaf	该包中包含了支持不同操作系统平台显示外观风格的类，其中包括了实现 Metal 和 Multi 外观风格的类，通过使用该包中的类可以调整界面的外观风格
javax.swing.table	该包中包含了为表格控件提供支持的类，其中包括表格模型和视图
javax.swing.text	该包中包含了一些为文本控件提供支持的类
javax.swing.text.html	该包中包含了为 HTML 文本编辑器类提供支持的类
javax.swing.text.html.parser	该包中包含了一些用来解析 HTML 格式文本的工具类
javax.swing.text.rtf	该包中包含了为 RTF 文本编辑器提供支持的类
javax.swing.tree	该包中包含了为树状列表控件提供支持的类，其中包括树状列表模型和视图
javax.swing.undo	该包中提供了一些用于实现撤销功能的类与接口

下面通过一个非常简单的 Swing 程序给读者举例。该程序的功能为在对话框中显示一段文字信息，具体代码如下。

例 6.1　一个简单的 Swing 程序。

```
import javax.swing.*;
//导入 swing 包
//扩展 JFrame 类
public class SwingExample extends JFrame{
    //定义标签成员
    private JLabel jLableWelcome;
    //定义构造器
    public SwingExample(){
        //设置窗体的布局管理为 null
        this.setLayout(null);
        //创建标签对象并为初始化显示的文字信息
        jLableWelcome=new JLabel();
        //设置标签中需要显示的文字信息
        jLableWelcome.setText("欢迎您来到 Swing 的编程世界,这将是您第一个图形界面交互程序！！！");
        //设置标签在窗体中的位置
        jLableWelcome.setBounds(40,30,450,30);
        //将标签添加进窗体中
        this.add(jLableWelcome);
        //设置窗体的标题、位置大小以及可见性
        this.setTitle("第一个 Swing 程序");
        this.setBounds(330,250,500,150);
        this.setVisible(true);
    }
    public static void main(String[] args)
    {
        //创建窗体对象
        new SwingExample();
    }
}
```

（1）第 1 行通过 import 语句对 Swing 包进行了导入，在进行 Swing 开发时读者要注意导入相关包，否则会编译不通过。

（2）本例程序是通过继承 JFrame 类来实现窗体开发的，这里读者不必深究，后面会详细介绍。

（3）第 8～23 行的窗体类构造器中调用相关方法对控件的内容、大小位置，窗体的标题等进行了设置，在这里读者不必深究，后面会详细介绍。

（4）主方法中通过调用窗体类的构造器创建了窗体对象，如果程序编写没有问题，运行时窗体将按照代码的设定出现在桌面上。

编译并运行如上代码，桌面上会出现程序中实现的窗体，如图 6-1 所示。

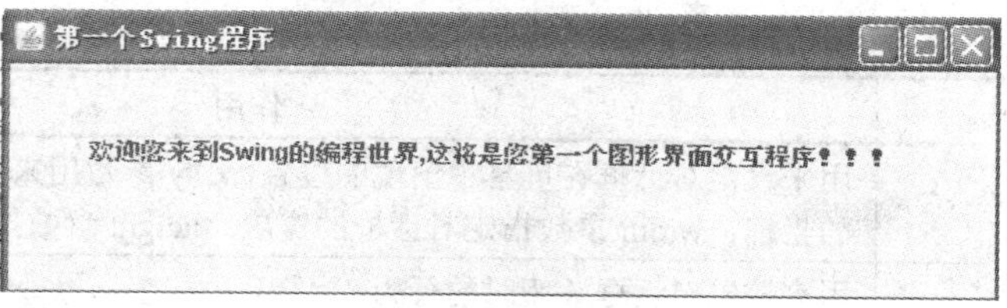

图 6-1　运行界面

单击图标按钮☒，窗体会关闭。

6.2.2　对话框

对话框是 Swing 中用来创建图形用户界面的类。该类的对象将被当作容器使用，所有的 Swing 组件都必须被添加到容器中，才能被显示出来。

1. JFrame 主对话框

JFrame 是一个对话框容器组件，与其他的 Swing 组件不同，JFrame 组件不是用纯 Java 语言编写的，但它是一个重量级的组件，其中包含了操作系统中部分 GUI 的方法。所谓重量级组件，实际上是说该组件在创建的时候，都会有一个相应的本地计算机中的组件在为它工作。

JFrame 可以被显示在用户桌面上，同时也是一个框架，在其中可以添加需要的 Swing 组件。但需要注意的是：在创建了 Swing 窗体后不能直接把组件添加到创建的窗体中，Swing 窗体含有一个称为内容面板的容器，组件只能添加到 Swing 窗体对应的内容面板中。创建 Swing 窗体对应的内容面板，可以使用 Container 类中的 getContentPane()方法获得内容面板对象，如下代码所示：

```
Container comtent=getContentPane();//获得内容面板
```

JFame 组件的继承关系如下所示。

```
java.lang.Object
    java.awt.Component
      java.awt.Container
        java.awt.window
          java.awt.Frame
            javax.swing.Jframe
```

JFrame 类中提供的主要方法及作用如表 6-2 所示。

表 6-2　JFrame 类中提供的主要方法及作用

主要方法	作用
setSize(int width,int height)	用来设置对话框的大小，width 参数指定对话框的宽度，height 参数指定对话框的高度
setVisible(boolean b)	用来设置对话框是否可见，当参数值为 true 时为可见，当参数值为 false 时为不可见

续表

主要方法	作用
setBound(int x,int y, int width,int height)	用来设定对话框在屏幕中出现的位置，x、y 参数用来指定对话框左上角(x,y)的坐标，width 参数指定对话框的宽度，height 参数指定对话框的高度
setDefaultCloseOperation()	用来控制对话框关闭时的行为： 参数为 EXIT_ON_CLOSE 表示对话框关闭时退出程序 参数为 DISPOSE_ON_CLOSE 表示对话框关闭时释放 JFrame 对象，程序继续运行 参数为 DO_NOTHING_ON_CLOSE 表示关闭对话框 参数为 HIDE_ON_CLOSE 表示关闭对话框并继续运行程序

2. JDialog 对话框

JDialog 是 Dialog 类的子类，该类所创建的对话框对象也是重量级容器。创建的 JDialog 对象可以向用户返回信息，接收用户的输入，实现与用户的交互。但 JDialog 与 JFrame 对话框的区别在于：JDialog 对象需要依赖于其他的对话框（比如 JFrame）而存在，当它所依赖的对话框关闭或最小化的时候，该对话框也随之关闭或最小化；当它所依赖的对话框还原时，对话框也随之还原。JDialog 对话框分为两种模式，分别为：

（1）响应模式：只让程序响应对话框的内部事件，而对于对话框以外的事件则不予响应。

（2）非响应模式：该模式可以让程序响应对话框以外的事情。

JDialog 类创建对话框对象的主要构造方法如表 6-3 所示。

表 6-3　JDialog 类对象主要构造方法

构造方法	作用
JDialog(JFrame frame,String s)	用于创建一个对话框对象，初始状态为不可见。参数 frame 用来指定所依赖的对话框对象；参数 s 用来设置对话框的名字
JDialog (JFrame frame,String s, boolean b)	用于创建一个对话框对象，初始状态为不可见。参数 frame 用来指定所依赖的对话框对象；参数 s 用来设置对话框的名字；参数 b 用来决定该对话框的模式，当为 true 时为响应模式，反之为非响应模式

JDialog 类中的主要方法及作用如表 6-4 所示。

表 6-4　JDialog 类中的主要方法及作用

方法	作用
String getTitle()	用于获取对话框的名字
void setTitle(String s)	用于设置对话框的名字
void setModel(boolean b)	用于设置对话框的模式
setSize(int width,int height)	用于设置对话框的大小
void setVisible(boolean b)	用于设置对话框是否可见

6.2.3 输入输出流

所有的计算机程序都必须接收输入和产生输出。针对输入、输出，Java 提供了丰富的类库进行相应的处理，包括从普通的流式输入输出到复杂的文件随机访问。计算机系统使用的信息都是从输入经过计算机流向输出。这种数据流动就称为流（Stream）。输入流指数据从键盘或者文件等输入设备流向计算机；输出流指数据处理结果从计算机流向屏幕或文件等输出设备。

在 Java 中，通过 java.io 包提供的类来表示流，基本的输入输出流为 InputStream 和 OutputStream。从这两个基本的输入输出流派生出面向特定处理的流，如缓冲区读写流、文件读写流等。Java 定义的流如表 6-5 所示。

表 6-5 Java 定义的输入输出流

流描述	输入流	输出流
音频输入输出流	AudioInputStream	AudioOutputStream
字节数组输入输出流	ByteArrayInputStream	ByteArrayOutputStream
文件输入输出流	FileInputStream	FileOutputStream
过滤器输入输出流	FilterInputStream	FilterOutputStream
基本输入输出流	InputStream	OutputStream
对象输入输出流	ObjectInputStream	ObjectOutputStream
管道输入输出流	PipedInputStream	PipedOutputStream
顺序输入输出流	SequenceInputStream	SequenceOutputStream
字符缓冲输入输出流	StringBufferInputStream	StringBufferOutputStream

1. InputStream 类

InputStream 是抽象类，代表字节输入流所有类的超类。这个类本身不能使用，只能通过继承它的具体类完成某些操作。它的常用方法如下：

public int available() throws IOException

返回流中可用的字节数。

public void close() throws IOException

关闭流并释放与流相关的系统资源。用户使用完输入流时，调用这个方法。

public void mark(int readlimit) throws IOException

输入流中标志当前位置。

public boolean markSupported() throws IOException

测试流是否支持标志和复位。

public abstract int read() throws IOException

读取输入流中的下一个字节。

public int read(byte[] b) throws IOException

从输入流中读取字节并存储到缓冲区数组 b 中，返回读取的字节数，遇到文件结尾返回-1。

public int read(byte[] b, int off, int len) throws IOException

从输入流中读取 len 个字节并写入 b 中，位置从 off 开始。

public void reset() throws IOException

重定位到上次输入流中调用的位置。

public long skip(long n) throws IOException

跳过输入流中 n 个字节，返回跳过的字节数，遇到文件结尾返回-1。

2. OutputStream 类

OutputSteam 是抽象类，代表输出字节流所有类的超类。

public void close() throws IOException

关闭输出流，释放与流相关的系统资源。

public void flush() throws IOException

清洗输出流，使得所有缓冲区的输出字节全部写到输出设备中。

public void write(byte[] b) throws IOException

从特定字节数组 b 将 b 数组长度个字节写入输出流。

public void write(byte[] b, int off, int len) throws IOException

从特定字节数组 b 将从 off 开始的 len 个字节写入输出流。

public abstract void write(int b) throws IOException

向输出流写一个特定字节。

任务 3　文本编辑器总体设计

有 File、Edit、Format、Help 四个菜单。

代码如下所示：

```
public class Notepad /*implements ActionListener , MouseListener , MouseMotionListener , WindowListener ,
ItemListener , KeyListener, TextListener */
{
//成员变量
private Frame mainFrame;        //主框架
private MenuBar mb ;            //菜单栏
private Menu mFile , mEdit , mFormat , mHelp ; //菜单：文件，编辑，格式，帮助
private MenuItem miNew , miOpen , miSave , miSaveAs , miExit ;//文件菜单项：新建，打开，保存，另存为，退出
private MenuItem miCut , miCopy , miPaste , miDelete ;//编辑菜单项：剪切，复制，粘贴，删除
private MenuItem miFont , miLowtoCapital, miCapitaltoLow ,miEncrypt , miDisencrypt;//格式菜单项：字体
private MenuItem miAboutNotepad;//帮助菜单项：关于记事本
private TextArea ta;//文本区
private String tempString;//临时字符串，用于存储需要复制粘贴的字符串
```

```
private boolean textValueChanged = false;
private int id_font ;//字体
String fileName = "";//上次保存后的文件名和地址
//构造函数
public Notepad(){
    //框架
   mainFrame = new Frame ("Notepad v0.99              by Launching");
   mb = new MenuBar ();
   ta = new TextArea (30 ,60);
   ta.setFont( new Font ( "Times New Rome" , Font.PLAIN , 15));
   ta.setBackground(new Color(0 , 250 , 200));
    //菜单栏
   mFile = new Menu ( "File");
   mEdit = new Menu ( "Edit");
   mFormat = new Menu ("Format");
   mHelp = new Menu ("Help");
    //"文件"
   miNew = new MenuItem ("New");
   miOpen = new MenuItem ("Open");
   miSave = new MenuItem ("Save");
   miSaveAs = new MenuItem ("Save as");
   miExit = new MenuItem ("Exit");
   //"编辑"
   miCut = new MenuItem ("Cut");
   miCopy = new MenuItem ("Copy");
   miPaste = new MenuItem ("Paste");
   miDelete = new MenuItem ("Delete");
    //"格式"
   miFont = new MenuItem ("Font");
   miLowtoCapital = new MenuItem("Low to Capital");
   miCapitaltoLow = new MenuItem("Capital to Low");
   miEncrypt = new MenuItem("Encrypt");
   miDisencrypt = new MenuItem("Disencrypt");
    //"帮助"
   miAboutNotepad = new MenuItem ("About Notepad");
    //添加文件菜单项
   mFile.add(miNew);
   mFile.add(miOpen);
   mFile.add(miSave);
   mFile.add(miSaveAs);
   mFile.add(miExit);
    //添加编辑菜单项
   mEdit.add(miCut);
   mEdit.add(miCopy);
   mEdit.add(miPaste);
   mEdit.add(miDelete);
```

```
  //添加格式菜单项
mFormat.add(miFont);
mFormat.add(miLowtoCapital);
mFormat.add(miCapitaltoLow);
mFormat.add(miEncrypt);
mFormat.add(miDisencrypt);
  //添加帮助菜单项
mHelp.add(miAboutNotepad);
  //菜单栏添加菜单
mb.add(mFile);
mb.add(mEdit);
mb.add(mFormat);
mb.add(mHelp);
  //框架添加菜单栏
mainFrame.setMenuBar( mb );
  //初始字符串赋为空
tempString = "";
  //添加文本区
mainFrame.add(ta, BorderLayout.CENTER);
   mainFrame.setSize(800 , 500);
mainFrame.setLocation( 100 ,100);//起始位置
mainFrame.setResizable(true);//可以更改大小
mainFrame.setVisible(true);
//mainFrame.pack();
//////////////////////////增加监视器//////////////////////
  //主框架
mainFrame.addWindowListener(new WindowAdapter (){ //关闭窗口
 public void windowClosing(WindowEvent e) {
  System.exit(0);
 }
});
 //文本区
ta.addKeyListener( new KeyAdapter(){
 public void KeyTyped(KeyEvent e){
  textValueChanged = true ; //键盘按键按下即导致文本修改
 }
});
```

任务 4　详细设计与编码实现

6.4.1　设计文本编辑器界面

文本编辑器界面设计如图 6-2 所示。

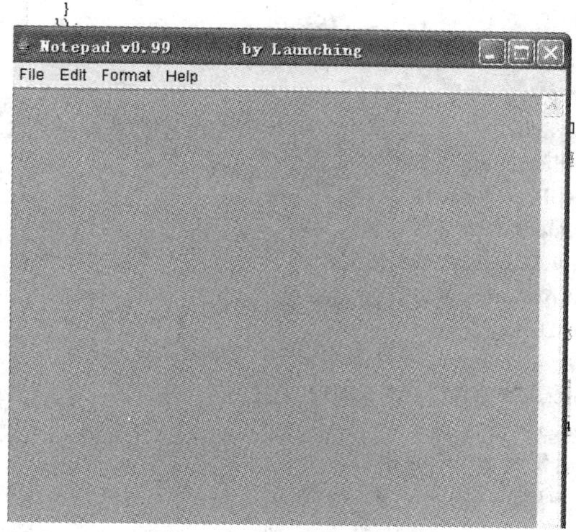

图 6-2　文本编辑器界面

6.4.2　设计打开/保存对话框

JFileChooser 类提供对文件的打开、关闭等操作的标准对话框。

JFileChooser 类继承于 JComponent 类，其构造方法有：

JFileChooser()：构造一个指向用户缺省目录的 JFileChooser 对象。

JFileChooser(File currentDirectory)：构造一个以给定 File 为路径的 JFileChooser 对象。

构造 JFileChooser 对象后，要利用该类的 showOpenDialog()或 showSaveDialog()方法来显示文件打开或文件关闭对话框。它们的格式为：

public int showOpenDialog(Component parent) throws HeadlessException

public int showSaveDialog(Component parent) throws HeadlessException

它们的参数都是包含对话框容器的对象。返回值为下面几种情况：

JFileChooser.CANCEL_OPTION：表示单击了“撤消”按钮。

JFileChooser.APPROVE_OPTION：表示单击了“打开”或“保存”按钮。

JFileChooser.ERROR_OPTION：表示出现错误。

在打开或关闭文件对话框中作出选择后，可用 JFileChooser 类的 getSelectedFile()方法返回选取的文件名（File 类的对象）。

例 6.2　使用文件打开或关闭对话框（JFileChooser），将选择的文件名显示到文本区域中。

```
import java.io.*;
import java.awt.*;
import java.awt.event.*;
import javax.swing.*;
import javax.swing.filechooser.*;
public class JFileChooserDemo extends JFrame {
  public JFileChooserDemo() {
```

```
    super("使用 JFileChooser");
    final JTextArea ta = new JTextArea(5,20);
    ta.setMargin(new Insets(5,5,5,5));
    ta.setEditable(false);
    JScrollPane sp = new JScrollPane(ta);
    final JFileChooser fc = new JFileChooser();
    JButton openBtn = new JButton("打开文件...");
  openBtn.addActionListener(new ActionListener(){
    public void actionPerformed(ActionEvent e) {
     int returnVal = fc.showOpenDialog(
         JFileChooserDemo.this);
     if (returnVal == JFileChooser.APPROVE_OPTION) {
      File file = fc.getSelectedFile();
      ta.append("打开: " + file.getName() + ".\n");
     } else ta.append("取消打开命令.\n");
    }
   });
  JButton saveBtn = new JButton("保存文件...");
  saveBtn.addActionListener(new ActionListener(){
   public void actionPerformed(ActionEvent e){
    int returnVal = fc.showSaveDialog(
       JFileChooserDemo.this);
  if (returnVal == JFileChooser.APPROVE_OPTION){
  File file = fc.getSelectedFile();
  ta.append("Saving: " + file.getName() + ".\n");
  } else ta.append("取消保存命令。\n");
  }
  });
  JPanel buttonPanel = new JPanel();
  buttonPanel.add(openBtn);
  buttonPanel.add(saveBtn);
  openBtn.setNextFocusableComponent(saveBtn);
  saveBtn.setNextFocusableComponent(openBtn);
  Container c = getContentPane();
  c.add(buttonPanel, BorderLayout.NORTH);
  c.add(sp, BorderLayout.CENTER);
  }
  public static void main(String[] args) {
    JFrame frame = new JFileChooserDemo();
    frame.setDefaultCloseOperation(EXIT_ON_CLOSE);
    frame.pack();
    frame.setVisible(true);
   }
  }
```

程序运行的开始界面如图 6-3 所示，单击“打开文件”按钮后，即出现“打开”对话框，选择文件后文件名将显示到“文件名”文本框中。单击“保存文件”按钮，将出现“保存”对话框，如图 6-4 所示。

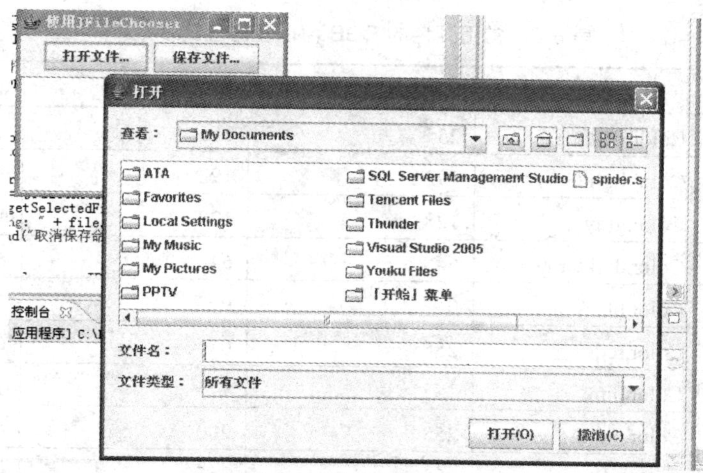

图 6-3　运行打开界面

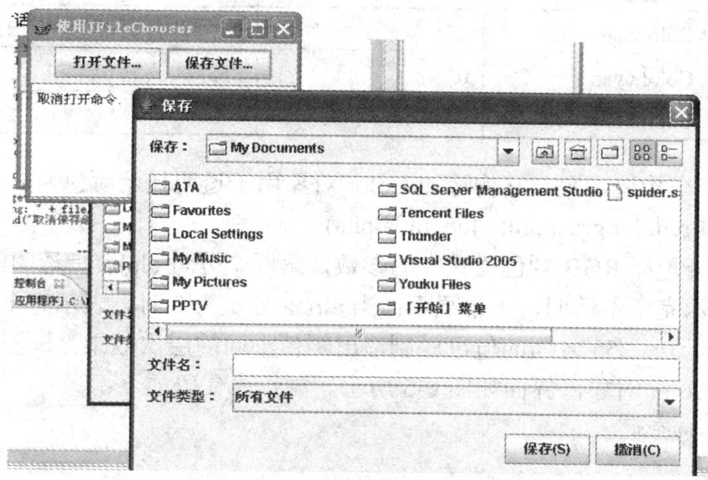

图 6-4　运行保存界面

6.4.3　设置字体和颜色

1. Color 类

可以使用下列定义在 Component 类中的方法来设置组件的背景色和前景色：

```
setBackground(Color c)
setForeground(Color c)
```

Java.awt.Color 中将 13 种标准颜色定义为常量，可以选用它们，见表 6-6。

例如，将一个面板的背景色设置成黄色：

```
JPanel myPanel = new JPanel();
myPanel.setBackground(Color.yellow);
```

表 6-6　常用颜色的 RGB 值以及对应的参数

颜色名	预定义颜色值	红色值	绿色值	蓝色值
白色	Color.white	255	255	255
浅灰色	Color.lightGray	192	192	192
灰色	Color.gray	128	128	128
深灰色	Color.darkGray	64	64	64
黑色	Color.black	0	0	0
红色	Color.red	255	0	0
粉红色	Color.pink	255	175	175
橙色	Color.orange	255	200	0
黄色	Color.yellow	255	255	0
绿色	Color.green	0	255	0
品红色	Color.magenta	255	0	255
深蓝色	Color.cyan	0	255	255
蓝色	Color.blue	0	0	255

Color 类还有一个构造函数，它构造的 Color 对象用于透明显示颜色。

public Color(int red, int green, int blue, int alpha)

其中：前三个分量即 RGB 颜色模式中的参数，第四个分量 alpha 指透明的程度。当 alpha 分量为 255 时，表示完全不透明，正常显示；当 alpha 分量为 0 时，表示完全透明，前三个分量不起作用，而介于 0～255 之间的值可以制造出颜色不同的层次效果。

例 6.3　测试 Color 对象，界面如图 6-5 所示。源程序代码如下：

```
//程序文件名 UseColor.java
import java.awt.*;
import java.applet.*;
import java.awt.geom.*;
public class UseColor extends Applet
{
        public void paint(Graphics oldg)
        {
        Graphics2D g = (Graphics2D)oldg;
                g.setColor(Color.blue);
                g.fill(new Ellipse2D.Float(50,50,150,150));
                g.setColor(new Color(255,0,0,0));
                g.fill(new Ellipse2D.Float(50,50,140,140));
                g.setColor(new Color(255,0,0,64));
                g.fill(new Ellipse2D.Float(50,50,130,130));
                g.setColor(new Color(255,0,0,128));
```

```
            g.fill(new Ellipse2D.Float(50,50,110,110));
            g.setColor(new Color(255,0,0,255));
            g.fill(new Ellipse2D.Float(50,50,90,90));
            g.setColor(new Color(255,200,0));
            g.fill(new Ellipse2D.Float(50,50,70,70));
        }
    }
```

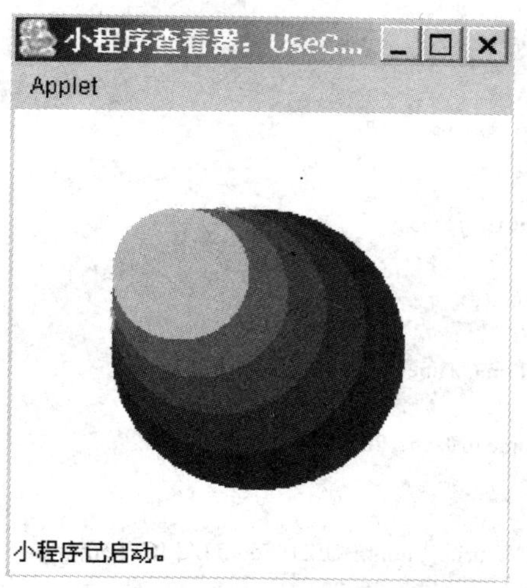

图 6-5　颜色测试界面

2．Font 类

可以设置组件或所画对象的字体，为设置字体，需要从 Font 类中创建 Font 对象，语法为：

Font myFont = Font(name, style, size);

字体名可选择 ScanSerif、Serif、Monospaced、Dialog 或 DialogInput 等。字型可选择 Font.PLAIN、Font.BOLD、Font.ITALIC 等，字型可以组合使用。

例如：

```
Font myFont = new Font("SansSerif ", Font.BOLD, 16);
Font myFont = new Font("Serif", Font.BOLD+Font.ITALIC, 12);
```

例 6.4　简单实例：SetColorAndFont.java

```
import java.awt.*;
import javax.swing.*;
class SetColorAndFont extends JFrame
{
    public SetColorAndFont()
    {
        MyPanel myPanel = new MyPanel();
        myPanel.setBackground(Color.yellow);
        //getContentPane().setLayout(new BorderLayout());
```

```
            getContentPane().add(myPanel);
        }
        public static void main(String[] args)
        {
            SetColorAndFont frame = new SetColorAndFont();
            frame.setSize(200,200);
            frame.setDefaultCloseOperation(JFrame.EXIT_ON_CLOSE);
            frame.setVisible(true);
        }

    }
    class MyPanel extends JPanel
    {
        public void paintComponent(Graphics g)
        {
            //super.paintComponent(g);

            Font myFont = new Font("Times", Font.BOLD, 16);
            g.setFont(myFont);
            g.drawString("Welcome to Java", 20, 40);

            //set a new font
            g.setFont(new Font("Courier", Font.BOLD+Font.ITALIC, 12));
            g.drawString("Welcome to Java", 20, 70);
        }
    }
```

任务 5　文本编辑器程序清单

Notepad.java

```
import java.awt.*;
import java.awt.event.*;
import java.io.*;
public class Notepad /*implements ActionListener , MouseListener , MouseMotionListener , WindowListener , ItemListener , KeyListener, TextListener */
{
//成员变量
private Frame mainFrame;//主框架
private MenuBar mb ;    //菜单栏
private Menu mFile , mEdit , mFormat , mHelp ; //菜单：文件，编辑，格式，帮助
private MenuItem miNew , miOpen , miSave , miSaveAs , miExit ;//文件菜单项：新建，打开，保存，另存为，退出
private MenuItem miCut , miCopy , miPaste , miDelete ;//编辑菜单项：剪切，复制，粘贴，删除
private MenuItem miFont , miLowtoCapital, miCapitaltoLow ,miEncrypt , miDisencrypt;//格式菜单项：字体
private MenuItem miAboutNotepad;//帮助菜单项：关于记事本
private TextArea ta;//文本区
```

```
private String tempString;//临时字符串，用于存储需要复制粘贴的字符串
private boolean textValueChanged = false;
private int id_font ;//字体
String fileName = "";//上次保存后的文件名和地址
//构造函数
public Notepad(){
        //框架
    mainFrame = new Frame ("Notepad v0.99          by Launching");
    mb = new MenuBar ();
    ta = new TextArea (30 ,60);
    ta.setFont( new Font ( "Times New Rome" , Font.PLAIN , 15));
    ta.setBackground(new Color(0 , 250 , 200));
     //菜单栏
    mFile = new Menu ( "File");
    mEdit = new Menu ( "Edit");
    mFormat = new Menu ("Format");
    mHelp = new Menu ("Help");
     //“文件”
    miNew = new MenuItem ("New");
    miOpen = new MenuItem ("Open");
    miSave = new MenuItem ("Save");
    miSaveAs = new MenuItem ("Save as");
    miExit = new MenuItem ("Exit");
     //“编辑”
    miCut = new MenuItem ("Cut");
    miCopy = new MenuItem ("Copy");
    miPaste = new MenuItem ("Paste");
    miDelete = new MenuItem ("Delete");
     //“格式”
    miFont = new MenuItem ("Font");
    miLowtoCapital = new MenuItem("Low to Capital");
    miCapitaltoLow = new MenuItem("Capital to Low");
    miEncrypt = new MenuItem("Encrypt");
    miDisencrypt = new MenuItem("Disencrypt");
     //“帮助”
    miAboutNotepad = new MenuItem ("About Notepad");
     //添加文件菜单项
    mFile.add(miNew);
    mFile.add(miOpen);
    mFile.add(miSave);
    mFile.add(miSaveAs);
    mFile.add(miExit);
     //添加编辑菜单项
    mEdit.add(miCut);
    mEdit.add(miCopy);
    mEdit.add(miPaste);
    mEdit.add(miDelete);
```

```
    //添加格式菜单项
  mFormat.add(miFont);
  mFormat.add(miLowtoCapital);
  mFormat.add(miCapitaltoLow);
  mFormat.add(miEncrypt);
  mFormat.add(miDisencrypt);
    //添加帮助菜单项
  mHelp.add(miAboutNotepad);
   //菜单栏添加菜单
  mb.add(mFile);
  mb.add(mEdit);
  mb.add(mFormat);
  mb.add(mHelp);
   //框架添加菜单栏
  mainFrame.setMenuBar( mb );
   //初始字符串赋为空
  tempString = "";
   //添加文本区
  mainFrame.add(ta, BorderLayout.CENTER);
     mainFrame.setSize(800 , 500);
  mainFrame.setLocation( 100 ,100);// 起始位置
  mainFrame.setResizable(true);//不可更改大小
  mainFrame.setVisible(true);
  //mainFrame.pack();
   ////////////////////////增加监视器////////////////////
    //主框架
  mainFrame.addWindowListener(new WindowAdapter (){ //关闭窗口
   public void windowClosing(WindowEvent e) {
    System.exit(0);
   }
  });
   //文本区
  ta.addKeyListener( new KeyAdapter(){
   public void KeyTyped(KeyEvent e){
    textValueChanged = true ; //键盘按键按下即导致文本修改
   }
  });
     //////////////// "文件" 菜单: ////////////////////
    //新建
  miNew.addActionListener( new ActionListener(){
   public void actionPerformed(ActionEvent e){
          ta.replaceRange("", 0 , ta.getText().length()) ;//清空文本区的内容
          fileName = "";//文件名清空
   }
  });
    //打开
  miOpen.addActionListener( new ActionListener(){
```

```
public void actionPerformed(ActionEvent e) {
    FileDialog d=new FileDialog(mainFrame , "open file" , FileDialog.LOAD );//打开文件对话框
   d.addWindowListener( new WindowAdapter(){ //关闭文件对话框
  public void windowClosing(WindowEvent ee){
   System.exit(0);
  }
 });
 d.setVisible(true);
     File f = new File( d.getDirectory()+d.getFile() ); //建立新文件
     fileName = d.getDirectory()+d.getFile();//得到文件名
     char ch[] = new char [(int)f.length()];///用此文件的长度建立一个字符数组
    try//异常处理
 {
  //读出数据，并存入字符数组 ch 中
  BufferedReader bw = new BufferedReader( new FileReader(f) );
  bw.read(ch);
        bw.close();
 }
 catch( FileNotFoundException fe ){
  System.out.println("file not found");
  System.exit(0);
 }
 catch( IOException ie){
  System.out.println("IO error");
  System.exit(0);
 }
     String s =new String (ch);
     ta.setText(s);//设置文本区为所打开文件的内容
}
});
 //保存
miSave.addActionListener( new ActionListener(){
 public void actionPerformed(ActionEvent e) {
     if( fileName.equals("") ){ //如果文件没有被保存过，即文件名为空
     FileDialog d=new FileDialog(mainFrame , "save file" , FileDialog.SAVE );//保存文件对话框
     d.addWindowListener( new WindowAdapter(){ //关闭文件对话框
  public void windowClosing(WindowEvent ee){
   System.exit(0);
  }
 });
 d.setVisible(true);
     String s = ta.getText();//得到所输入的文本内容
     try//异常处理
 {
  File f = new File( d.getDirectory()+d.getFile());//新建文件
       fileName = d.getDirectory()+d.getFile();//得到文件名
       BufferedWriter bw = new BufferedWriter( new FileWriter (f));//输入到文件中
```

```
            bw.write(s , 0 , s.length());
            bw.close();
                }
        catch(FileNotFoundException fe_){
            System.out.println("file not found");
            System.exit(0);
        }
        catch( IOException ie_)
        {
            System.out.println(" IO error");
            System.exit(0);
        }
                }
        else //如果文件已经保存过
        {
            String s = ta.getText();//得到所输入的文本内容
                try//异常处理
        {
            File f = new File( fileName );//新建文件
                BufferedWriter bw = new BufferedWriter( new FileWriter (f));//输入到文件中
            bw.write(s , 0 , s.length());
            bw.close();
                }
        catch(FileNotFoundException fe_){
            System.out.println("file not found");
            System.exit(0);
        }
        catch( IOException ie_)
        {
            System.out.println(" IO error");
            System.exit(0);
        }
            }
        }
});
    //另存为
miSaveAs.addActionListener( new ActionListener(){
    public void actionPerformed(ActionEvent e) {
        FileDialog d=new FileDialog(mainFrame , "save file" , FileDialog.SAVE );//保存文件对话框
            d.addWindowListener( new WindowAdapter(){ //关闭文件对话框窗口
        public void windowClosing(WindowEvent ee){
            System.exit(0);
        }
    });
    d.setVisible(true);
        String s = ta.getText();//得到所输入的文本内容
        try//异常处理
```

```
        {
         File f = new File( d.getDirectory()+d.getFile());//新建文件
               BufferedWriter bw = new BufferedWriter( new FileWriter (f));//输入到文件中
         bw.write(s , 0 , s.length());
         bw.close();
               }
      catch(FileNotFoundException fe_){
        System.out.println("file not found");
        System.exit(0);
      }
      catch( IOException ie_)
      {
        System.out.println(" IO error");
        System.exit(0);
      }
    }
  });
   //退出
  miExit.addActionListener( new ActionListener(){ ///退出程序
   public void actionPerformed(ActionEvent e){
    System.exit(0);
   }
  });
    ///////////////“编辑”菜单：///////////////////

  //剪切
  miCut.addActionListener( new ActionListener(){
   public void actionPerformed(ActionEvent e){
     tempString = ta.getSelectedText(); ///得到要复制的内容，暂存在 tempString 中
     StringBuffer tmp = new StringBuffer ( ta.getText());//临时存储文本
     int start = ta.getSelectionStart(); //得到要删除的字符串的起始位置
     int len = ta.getSelectedText().length(); //得到要删除的字符串的长度
     tmp.delete( start , start+len); ///删除所选中的字符串
     ta.setText(tmp.toString());//用新文本设置原文本
   }
  });
    //复制
  miCopy.addActionListener( new ActionListener(){
   public void actionPerformed(ActionEvent e){
     tempString = ta.getSelectedText(); ///得到要复制的内容，暂存在 tempString 中
   }
  });
    //粘贴
  miPaste.addActionListener( new ActionListener(){
   public void actionPerformed(ActionEvent e){
     StringBuffer tmp = new StringBuffer ( ta.getText());//临时存储文本
     int start = ta.getSelectionStart(); //得到要粘贴的位置
```

```
    tmp.insert(start , tempString);//查入要粘贴的内容
    ta.setText(tmp.toString());//用新文本设置原文本
  }
});
  //删除
miDelete.addActionListener( new ActionListener(){
  public void actionPerformed(ActionEvent e){
    StringBuffer tmp = new StringBuffer ( ta.getText());//临时存储文本
    int start = ta.getSelectionStart(); //得到要删除的字符串的起始位置
    int len = ta.getSelectedText().length(); //得到要删除的字符串的长度
    tmp.delete( start , start+len); ///删除所选中的字符串
    ta.setText(tmp.toString());//用新文本设置原文本
  }
});
  ///////////////“格式”菜单：///////////////////
  //字体
miFont.addActionListener( new ActionListener(){
  public void actionPerformed(ActionEvent e){
    final Dialog d = new Dialog ( mainFrame , "Font");//新建对话框
    d.setLocation( 250 ,250);// 起始位置
        d.setLayout( new BorderLayout());//表格布局
      /////////////////////////上部分面板
    Label l_font = new Label ("font");//font 标签
    Panel p_1 = new Panel();
    p_1.add(l_font);
    p_1.setVisible(true);
     /////////////////////////中部分面板
    List font_list = new List (6 , false);//字体列表
       //添加字体项目
    font_list.add("Plain");///普通字体
    font_list.add("Bold"); ///粗体
    font_list.add("Italic");//斜体
        font_list.addItemListener( new MyItemListener_font() ); //字体增加监视器
        Panel p_2 = new Panel();
    p_2.add(font_list);
    p_2.setVisible(true);
       /////////////////////////下部分面板
    Button ok = new Button ("OK");
    ok.addActionListener( new ActionListener(){
      public void actionPerformed(ActionEvent e){
        d.dispose();
      }
    });
    ok.setSize( new Dimension (20 , 5) );
            Panel p_3 = new Panel();//下部分面板
            p_3.add(ok);
    p_3.setVisible(true);
```

```
        //添加三个面板
      d.add(p_1 , BorderLayout.NORTH);
      d.add(p_2 , BorderLayout.CENTER);
      d.add(p_3 , BorderLayout.SOUTH);
      d.pack();
    d.addWindowListener( new WindowAdapter(){ //关闭对话框
      public void windowClosing(WindowEvent ee){
        d.dispose();
      }
    });
        d.setVisible(true);
          }
});
   //小写字母转大写
miLowtoCapital.addActionListener( new ActionListener(){
 public void actionPerformed(ActionEvent e){
  String s = ta.getText();//得到所输入的文本内容
  StringBuffer temp = new StringBuffer("");
  for(int i = 0 ; i<s.length() ; i++){
   if((int)s.charAt(i)>=97 && (int)s.charAt(i)<=122 ){
    temp.append((char)((int)s.charAt(i)-32));
   }
   else
    temp.append(s.charAt(i));
  }
  s = new String(temp);
  ta.setText(s);
 }
});
   //大写字母转小写
miCapitaltoLow.addActionListener( new ActionListener(){
 public void actionPerformed(ActionEvent e){
  String s = ta.getText();//得到所输入的文本内容
  StringBuffer temp = new StringBuffer("");
  for(int i = 0 ; i<s.length() ; i++){
   if((int)s.charAt(i)>=65 && (int)s.charAt(i)<=90 ){
    temp.append((char)((int)s.charAt(i)+32));
   }
   else
    temp.append(s.charAt(i));
  }
  s = new String(temp);
  ta.setText(s);
 }
});
  //加密
miEncrypt.addActionListener( new ActionListener(){
```

```
public void actionPerformed(ActionEvent e){
 String s = ta.getText();//得到所输入的文本内容
 StringBuffer temp = new StringBuffer("");
 for(int i = 0 ; i<s.length() ; i++){
  if(s.charAt(i)>=40 && s.charAt(i)<=125){
   if(i%2==0){
    temp.append((char)(s.charAt(i) + 1 ));
   }
   else
    temp.append((char)(s.charAt(i) - 1 ));
  }
  else
   temp.append(s.charAt(i));
      }
 s = new String(temp);
 ta.setText(s);
}
});
 //解密
miDisencrypt.addActionListener( new ActionListener(){
 public void actionPerformed(ActionEvent e){
  String s = ta.getText();//得到所输入的文本内容
  StringBuffer temp = new StringBuffer("");
  for(int i = 0 ; i<s.length() ; i++){
   if(s.charAt(i)>=40 && s.charAt(i)<=125){
    if(i%2==0){
     temp.append((char)(s.charAt(i) - 1 ));
    }
    else
     temp.append((char)(s.charAt(i) + 1 ));
   }
   else
    temp.append(s.charAt(i));
  }
  s = new String(temp);
  ta.setText(s);
 }
});
 /////////////// "帮助" 菜单：///////////////////

//关于记事本
miAboutNotepad.addActionListener( new ActionListener(){
 public void actionPerformed(ActionEvent e){
  final Dialog d = new Dialog ( mainFrame , "AboutNotepad");//新建对话框
  TextArea t = new TextArea("\nwelcome to use Notepad " + "\n\n" + "Copyright@Launching " + "\n\n" + "free
software" + "\n\n" + "v0.99");//添加标签
  t.setSize( new Dimension ( 5 , 5));
```

```
        t.setEditable(false);
        d.setResizable(false);//不可调整大小
        d.add(t);
        d.pack();
            d.addWindowListener( new WindowAdapter(){ //关闭对话框
         public void windowClosing(WindowEvent ee){
          d.dispose();
         }
        });
        d.setLocation( 100 ,250);// 起始位置
        d.setVisible(true);
      }
    });
  }
class MyItemListener_font implements ItemListener { //字体监视器
    public void itemStateChanged(ItemEvent e) {
     id_font = ((java.awt.List)e.getSource()).getSelectedIndex();
     switch( id_font){
      case 0:{
       ta.setFont(new Font("Times New Roman", Font.PLAIN ,ta.getFont().getSize()) );//普通文字
       break;
      }
      case 1:{
       ta.setFont(new Font("Times New Roman" , Font.BOLD ,ta.getFont().getSize()) );//粗体文字
       break;
      }
      case 2:{
       ta.setFont(new Font("Times New Roman" , Font.ITALIC ,ta.getFont().getSize()) );//斜体文字
       break;
           }
     }
    }
}
        /////////////////////主函数//////////////////////////////
 public static void main(String arg[]){
        Notepad test = new Notepad(); ///创建记事本
    }
}
```

任务 6　文本编辑器的运行与发布

在完成了类的创建以及代码的编写后，就可以使用 Eclipse 集成开发环境来运行 Notepad.java 了。如图 6-6 所示，在 Eclipse 工程项目栏中，右击 Notepad.java，在弹出的子菜单中选择“运行方式”→“Java 应用程序”命令。

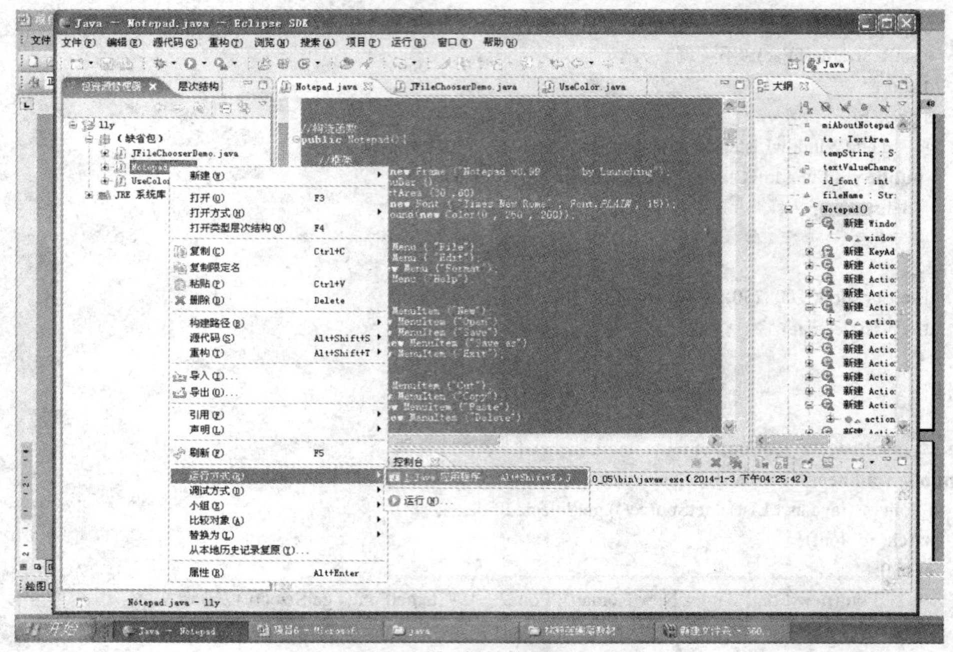

图 6-6　运行主类文件 Notepad.java

完成上述步骤后，程序开始运行，运行结果如图 6-7 所示。

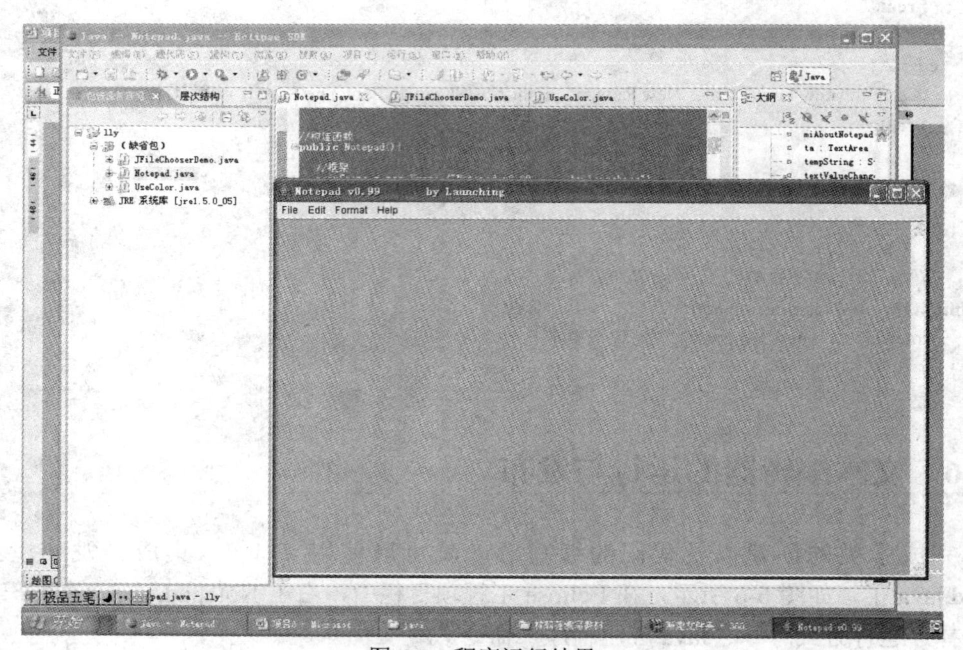

图 6-7　程序运行结果

习　题

1．请完成文本编辑器的运行和发布。

2．新建一个项目（SWT/JFace Java Project），在该项目中新建一个类（Application Window），用 SWT Designer 制作一个用户登录界面，功能要求如下：

界面如题图 1 所示，当用户输入姓名和密码后，单击“确定”按钮，出现欢迎信息，如题图 2 所示。如果姓名或密码为空，则出现错误提示信息，如题图 3 所示。如果用户单击“重置”按钮，则清空文本框中的所有信息。

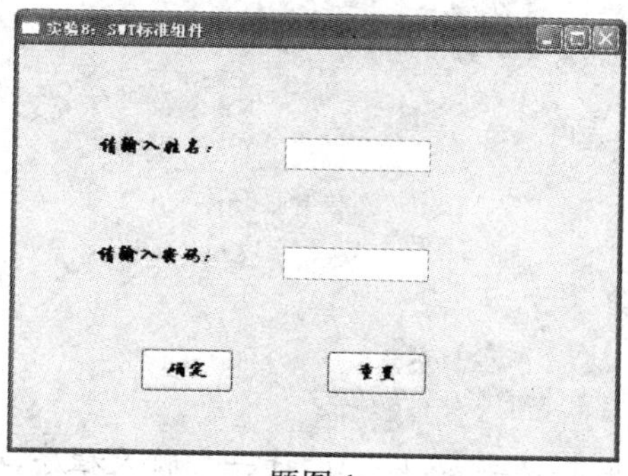

题图 1

题图 2

题图 3

要求界面中的字体为：华文行楷，粗体，字型为小四号字。

3．思考题：

（1）类变量 Name 和 PassWord 起什么作用？为什么要声明为 static?

（2）为什么要引入“org.eclipse.jface.dialogs.*”包？

7

网络聊天室的开发

网络聊天室的开发是利用套接字 socket()设计一个聊天程序，该程序基于 C/S 模式，客户机向服务器发聊天请求，服务器应答并能显示客户机发过来的信息。

- 理解套接字 Socket 类
- 掌握客户端套接字的使用方法
- 掌握服务器端套接字的使用方法

任务 1　功能描述

面向连接的网络聊天室应用程序，客户端使用 Appleton 浏览器与服务器端的 Java 应用程序实现网络通信，分别用来实现客户端和服务器端的双向连接，使用 Java 多线程技术实现在网络连接中一个服务器同时为多个客户端服务的功能。

网络聊天室程序编写的基本要求：

- 服务器端程序及编译好的字节码文件放在同一个文件夹中。
- 客户端主程序和两个 java 子程序、已编译好的字节码文件、网页文件都放在同一个文件夹下。

- 服务器端程序和客户端程序也要放在一个文件夹中。

任务 2　理论指导

Socket（套接字）类，是通过 C/S（客户端/服务器）方式来实现网络中两个程序间的连接。通过指定的 IP 地址以及端口来实现互联。建立连接的两个程序间可以实现双向通信，任何一方既可以接受请求，也可以向另一方发送请求，因此利用 Socket 类可以轻易地实现网络中数据的传递。

由于使用套接字实现的网络连接，是基于 C/S 模式下的 TCP/IP 协议的连接，因此在使用的时候也会分为客户端套接字和服务器端套接字两种。在 Java 中同样提供了用于实现客户端套接字的 Socket 类，以及用于实现服务器端套接字的 Socket 类。

在网络中的两个程序间需要建立连接的时候，一个程序会作为客户端，而另一个程序会作为服务器端。

7.2.1　客户端套接字

作为客户端的程序中，会建立客户端套接字 Socket 对象，并需要指定服务器端的地址及端口号。当客户端程序运行时，就会向服务器端发送请求，并等待服务器的响应，例如如下代码片断：

```
……
try
{
//创建客户端 Socket，服务器地址取本地，端口号为 10745
socket= new Socket("localhost",10745);
}
Catch(UnkownHostException e) { e.printStackTrace();}
Catch(IOEException e) { e.printStackTrace();}
……
```

Socket 类的构造方法及作用如表 7-1 所示。

表 7-1　Socket 类的构造方法及作用

构造方法	作用
Socket (String host,int port)	用于建立一个主机域名为 host，端口号为 port 的套接字对象
Socket (InetAddress host,int port)	用于建立一个 inetAdress 对象指定的主机，端口号为 port 的套接字对象

Socket 类的主要方法及作用如表 7-2 所示。

表 7-2　Socket 类的主要方法及作用

方法	作用
public InetAddress getInetAddress()	用于返回连接到服务器地址的 InetAddress 对象
public InetAddress getLocalAddress()	用于返回当前套接字所绑定的网络接口
public int getPort()	用于返回 Socket 对象所连接的服务器的端口号
public int getLocalPort()	用于返回本地客户端与服务器建立连接的端口号
public InputStream getInputStream()	用于返回一个输入流，利用该输入流可以实现从套接字读取数据信息
pubic OutputStream getOutputStream()	用于返回一个输出流，利用该输出流可以实现通过套接字写数据信息
pubic synchronized void close()	用于断开使用 Socket 类建立的连接

7.2.2　服务器端套接字

作为服务器端的程序，会建立服务端套接字 ServerSocket 对象，并指定监听端口号。需要注意的是：这里的端口号和客户端程序中指定的端口号是一致的，它就好像是一个门牌号，只有服务器和客户端程序都进入同一个门中才会建立连接。

服务器端程序运行后，其 ServerSocket 对象会一直监听指定的端口中是否有客户端发送的请求，如果没有，服务器程序就会处于等待状态，并一直监听端口；一旦接收到客户端发送的请求，服务器端就建立一个 Socket 类的对象，并使用 ServerSocket 对象的 accept()方法来获取该对象，从而在服务器端保存与客户端的连接，利用该连接实现与客户端的连接与数据交换，例如以下代码所示：

```
……
try
{
//以 PORT 为服务器端口，创建 serverSocket 对象以监听该端口上的连接
serverSocket= new serverSocket(PORT);
//创建 Socket 类的对象 socket，用于保存连接到服务器的客户端 socket 对象
Socket socket=serverSocket.accept();
}
Catch(IOEException e) { e.printStackTrace();}
……
```

ServerSocket 类的构造方法及作用如表 7-3 所示。

表 7-3　ServerSocket 类的构造方法及作用

构造方法	作用
ServerSocket (int port)	用于建立服务器端 ServerSocket 对象，参数 port 指定所要监听的端口号

续表

构造方法	作用
ServerSocket (int port,int queuelength)	用于建立服务器端 ServerSocket 对象，参数 prot 指定所要监听的端口号，参数 queuelength 用来指定请求队列的长度
ServerSocket(int port,int queuelength, InetAddress address)	用于建立服务器端 ServerSocket 对象，参数 prot 指定所要监听的端口号，参数 queuelength 用来指定请求队列的长度，参数 address 用来指定所绑定的本地网络的地址

ServerSocket 类的主要方法及作用如表 7-4 所示。

表 7-4　ServerSocket 类的主要方法及作用

方法	作用
public Socket accept()	用于保存当前客户端请求的连接，并返回一个 Socket 对象保存该连接
public InetAddress getInetAddress()	用于返回连接到客户端地址的 InetAddress 对象
public int getLocalPort()	用于返回本地服务器与客户端建立连接的端口号
public void close()	用于关闭服务器端 ServerSocket 对象

7.2.3　多线程机制

大多数程序设计时习惯上考虑该程序如何从头至尾顺序执行各项任务的设计方法，即一个程序只有一条执行路线。但现实世界中的很多过程都是同时发生的，对应这种情况，可编写有多条执行路径的程序，使得程序能够同时执行多个任务（并行）。

线程是程序中的一条执行路径。多线程是指程序中包含多条执行路径。在一个程序中可以同时运行多个不同的线程来执行不同的任务，即允许单个程序创建多个并行执行的线程来完成各自的任务。浏览器程序就是一个多线程的例子，在浏览器中可以在下载 Java 小程序或图像的同时滚动页面，在访问新页面时，播放动画和声音，打印文件等。

Java 语言里将线程表现为线程类。Thread 线程类封装了所有需要的线程操作控制。在设计程序时，必须很清晰地区分开线程对象和运行线程，可以将线程对象看作是运行线程的控制面板。在线程对象里有很多方法来控制一个线程是否运行，睡眠，挂起或停止。线程类是控制线程行为的唯一手段。一旦 Java 程序启动后，就已经有一个线程在运行。可通过调用 Thread.currentThread 方法来查看当前运行的是哪一个线程。

例 7.1　演示如何操纵当前线程。

```
class ThreadTest{
 public static void main(String args[]){
  Thread t = Thread.currentThread();
```

```
t.setName("单线程"); //对线程取名为"单线程"
t.setPriority(8);
//设置线程优先级为 8，最高为 10，最低为 1，默认为 5
System.out.println("The running thread: " + t);
    // 显示线程信息
try{
  for(int i=0;i<3;i++){
    System.out.println("Sleep time " + i);
    Thread.sleep(100);    //睡眠 100 毫秒
  }
  }catch(InterruptedException e){//捕获异常
 System.out.println("thread has wrong");
 }
}
}
```

程序执行结果如图 7-1 所示。

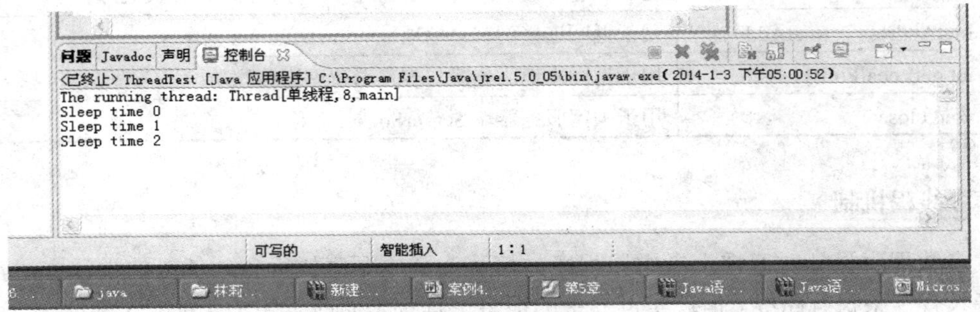

图 7-1　程序执行结果

任务 3　总体设计

7.3.1　设计服务器端和客户端界面

登录界面连接服务器：

```
public void link() throws Exception{                           //连接服务器——核心代码
        hostName = jTextField2.getText().trim();                //主机地址
        port = Integer.parseInt(jTextField3.getText());          //端口号，默认是 4331
        client = new Socket(hostName,port);                     //主机地址和端口号组成套接字
        in = new BufferedReader(new InputStreamReader(client.getInputStream()));   //从服务器接收到的
        out = new PrintWriter(client.getOutputStream());       //发送出去的
        out.println(jTextField1.getText()+"&"+sex);
        out.flush();    //刷新.输出缓冲区
    }
```

7.3.2 实现信息的发送和接收

聊天界面发送信息代码：

```
public void enter()
{
    String mywords,outmsg;
    String withWho = (String)jComboBox1.getSelectedItem();      //获取是和谁说话
    try{
            mywords = jTextArea4.getText();          //我说的话
            if ((mywords.trim()).length() != 0){      //不能发送空消息也不能都发空格
            outmsg = "withWho&"+name+"&"+withWho+"&"+mywords;
            out.println(outmsg);
            out.flush();
                if (withWho.equals("所有人")){
                }
                else {    //对某个人交谈
                jTextArea2.append(name+"  对"+withWho+"说: "+mywords+"\n");
                }
            }
      }catch (Exception ee){
            System.out.println(ee);
            jTextArea2.append("与服务器连接中断，请重新登录！\n");
      }
      finally{
            jTextArea4.setText("");
      }
}
```

聊天界面接收信息代码：

```
public void run() {
      String inmsg;
      while (true){          //循环
            try{
                  inmsg = in.readLine();               //从流中输入
                  System.out.println("inmsg   "+inmsg);
                  jList1.setModel(model1);
                  String[] userInfo = inmsg.split("&");
                  if (inmsg.startsWith("new")){      //新人
                  jTextArea1.append("欢迎  "+userInfo[1]+"\n");
                  model1.addElement(userInfo[1]+"  〖"+userInfo[2]+"〗");
                  }
                  else if( inmsg.startsWith("old")) {
                  model1.addElement(userInfo[1]+"  〖"+userInfo[2]+"〗");  //更新用户列表
                  }
```

```
                    //一般消息
                    if (inmsg.startsWith("withWho")){
                            String showmsg[] = inmsg.split("&");
                            System.out.println("接收者的名字: "+showmsg[2]+"我的名字"+name+";\n");
                            if (showmsg[2].equals(name)){ //如果是发给自己的消息
                            jTextArea2.append(showmsg[1]+"说: "+showmsg[3]+"\n"); //显示到我的频道
                            }
                            else{
                            jTextArea1.append(showmsg[1]+"说: "+showmsg[3]+"\n");
                            }
                    }
            }catch (Exception ee){
            System.out.println("Error at run()"+ee);
            jTextArea2.append("与服务器连接中断，请重新登录！\n");
            // 输出流，输入流设置为 null
            in = null;
            out = null;
            return;
            }
    }
}
```

7.3.3 实现服务器管理用户

服务器发送给所有人代码：

```
public static void sendAll(String s){
            if (connections != null){
                    Enumeration e = connections.elements();
                    while(e.hasMoreElements())   {
                    try {
                            PrintWriter pw = new PrintWriter( ( (Socket) e.nextElement() ).getOutputStream() );
                            pw.println(s);
                            pw.flush();
                    }
                    catch (IOException ex){}
            }
    }
    System.out.println(s);
}
```

服务器发送给指定人代码：

```
public static boolean sendOne(String name,String msg){
    if (clients != null){
        Enumeration e = clients.elements();
        while(e.hasMoreElements() ) {
            ClientProc cp = (ClientProc)e.nextElement();      //枚举所有连接中的用户
```

```
                if ((cp.getName()).equals(name)){
                    try{
                        PrintWriter pw = new PrintWriter((cp.getSocket()).getOutputStream());
                        pw.println(msg);
                        pw.flush();
                        return true;  //找到了返回且返回值为真
                    }catch (IOException ioe){}
                }
            }
        }
        return false;//没有找到
}
```

服务器发送更新用户信息代码：

```
private void updateList() {
        // 更新用户列表
        Vector cs = ChatServer.getClients();
        if (cs != null){
                for (Enumeration e = cs.elements();
                e.hasMoreElements() ;) {
                ClientProc cp = (ClientProc)e.nextElement();
                String exist_name = cp.getName();
                String exit_sex = cp.getSex();
                out.println("old"+"&"+exist_name+"&"+exit_sex);        //在这里标记以便判断
        out.flush();
                }
        }
}
```

服务器处理接收到的信息代码：

```
public void run(){
        while (name == null){
                try{
                        String inmsg;
                        inmsg = in.readLine();              //1111&Boy
                        ChatServer.sendAll("new"+"&"+inmsg);//发送信息更新用户列表——new&1111&Boy
                        String []userInfo;
                        userInfo = inmsg.split("&");
                        name = userInfo[0];
                        sex = userInfo[1];
                        //out.println("欢迎 "+name);   //初次登录
                        //out.flush();
                }catch (IOException ee){}
        }
        while (true){
                try {                           //通过客户端发送代码到服务器来执行相应的功能，用 in.readLine()监视
                        String line = in.readLine();
```

```
                String[] inmsg = line.split("&");
            if (line.equals("quit")){              //处理退出事件
                ChatServer.sendAll("withWho&"+"【系统消息】& "+"所有人&"+this.name+" 退出了聊天室");
                ChatServer.deleteConnection(s,this);
                return;
        }
        else if (line.equals("refurbish")){        //处理刷新用户列表请求
                this.updateList();
            }
            else if (line.startsWith("withWho")){
                if(inmsg[2].equals("所有人"))
                ChatServer.sendAll(line);
                else{
                    if (ChatServer.sendOne(inmsg[2],line))
                    {
                        //out.println(line);
                        //out.flush();
                        }
                        else{
                out.println("withWho&"+"【系统消息】& "+inmsg[1]+"&"+inmsg[2]+"已经退出了聊天室");
                        out.flush(); //
                        }
                        }
                    }
                    else
                    ChatServer.sendAll(line); //发给所有的人
            }catch (IOException e){
            System.out.println("事件 "+e);
            try {
                s.close();
            }catch (IOException e2){}
            return;
        }
    }
}
```

任务 4　聊天室详细设计

类图设计如图 7-2 所示。

网络聊天室程序由四个 Java 源文件和一个网页文件组成，即 MyChatServer.java、MyClientChat.java、ChatArea.java、InputNameTextField.java 和 MyClientChat.html。

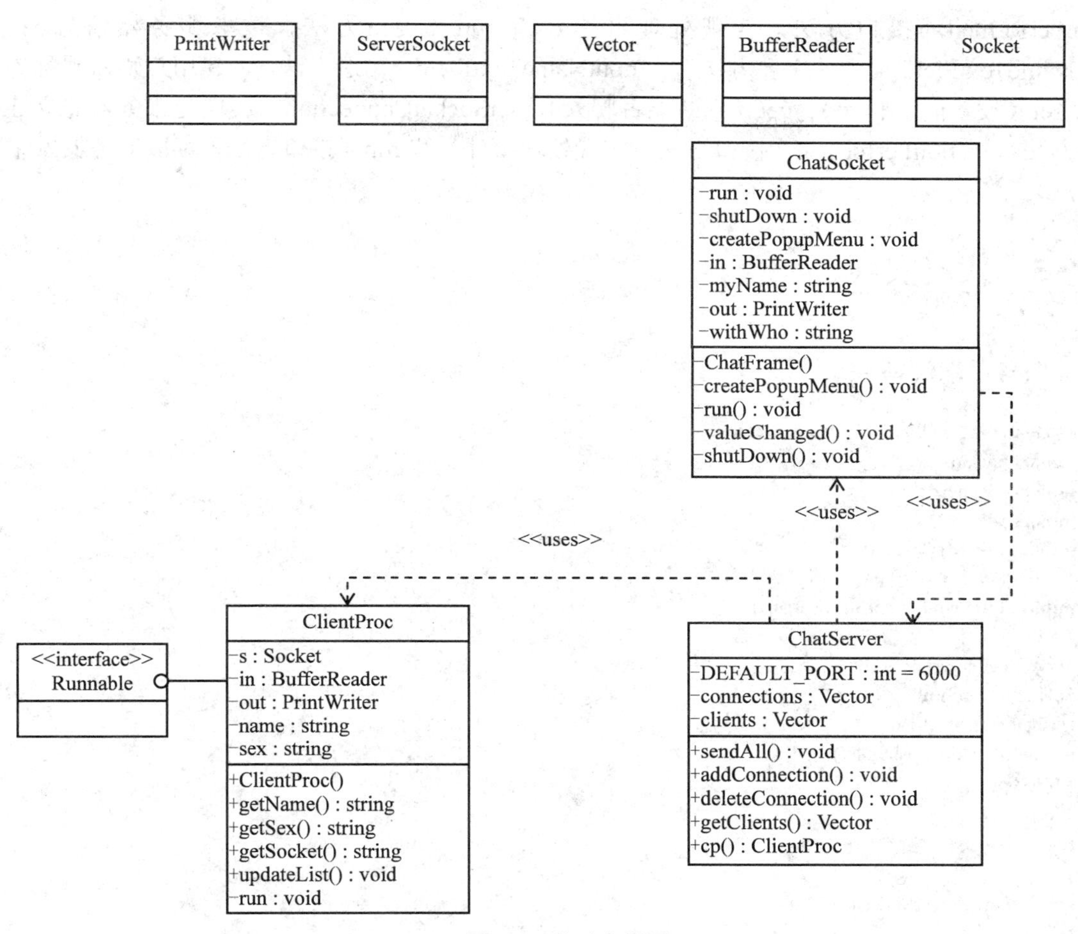

图 7-2　聊天室类图

7.4.1　服务器端详细设计

服务器端程序（MyChatServer.java）由主类（MyChatServer）和线程类（Server_thread）组成，程序中使用的主要方法有：main（主方法）、Server_thread（构造方法，创建客户端通信服务线程）、run（接口方法，读取客户端信息）。

7.4.2　客户端详细设计

客户端程序由主类（MyClientChat.java）、客户端聊天界面类（ChatArea.java）和客户端输入昵称界面类（InputNameTextField.java）组成，主类中使用的主要方法有：init（客户端初始化方法）、start（浏览器程序开始工作方法）和 run（接口方法）；ChatArea 类中的主要方法有：ChatArea（创建聊天界面）、setSocketConnection（与服务器建立套接字连接的方法）、

actionPerformed（接口方法，实现处理事件）和 run（接口方法，读取服务器信息）；InputNameTextField 类中的主要方法有：InputNameTextField（构造方法，创建用户输入昵称界面）、set（设置能否聊天）、get（判断能否聊天）、setSocketConnection（实现与服务器建立连接的方法）、actionPerformed（接口方法，实现处理事件）和 run（接口方法，读取服务器发来的信息）。

任务 5　代码实现

7.5.1　服务器端代码

```
//服务器端程序代码：MyChatServer.java
import java.io.*;
import java.net.*;
import java.util.*;
public class MyChatServer
{
public static void main(String args[])
{
ServerSocket server=null;
Socket socket=null;
Hashtable peopleList;
peopleList=new Hashtable();
while(true)
{
try
{
server=new ServerSocket(3333);
}
catch(IOException e1)
{
System.out.println("正在监听");
}
try
{
socket=server.accept();
InetAddress address=socket.getInetAddress();
System.out.println("用户的 IP:"+address);
}
catch(IOException e)
{
}
if(socket!=null)
{
Server_thread peopleThread=new Server_thread(socket,peopleList);
```

```
peopleThread.start();
}
else
{
continue;
}
}
}
}
class Server_thread extends Thread
{
String name=null,sex=null;
Socket socketa=null;
File file=null;
DataOutputStream out=null;
DataInputStream in=null;
Hashtable peopleList=null;
Server_thread(Socket t,Hashtable list)
{
peopleList=list;
socketa=t;
try
{
in=new DataInputStream(socketa.getInputStream());
out=new DataOutputStream(socketa.getOutputStream());
}
catch(IOException e)
{
}
}
public void run()
{
while(true)
{   String s=null;
try
{
s=in.readUTF();
if(s.startsWith("姓名："))
{
name=s.substring(s.indexOf("：")+1,s.indexOf("性别"));
sex=s.substring(s.lastIndexOf("：")+1);
boolean boo=peopleList.containsKey(name);
if(boo==false)
{
peopleList.put(name,this);
out.writeUTF("可以聊天：");
Enumeration enums=peopleList.elements();
while(enums.hasMoreElements())
```

```
{
Server_thread th=(Server_thread)enums.nextElement();
th.out.writeUTF("聊天者："+name+"性别"+sex);
if(th!=this)
{
out.writeUTF("聊天者："+th.name+"性别"+th.sex);
}
}
}
else
{
out.writeUTF("不可以聊天：");
}
}
else if(s.startsWith("公共聊天内容："))
{
String message=s.substring(s.indexOf("：")+1);
Enumeration enums=peopleList.elements();
while(enums.hasMoreElements())
{
((Server_thread)enums.nextElement()).out.writeUTF("聊天内容："+message);
}
}
else if(s.startsWith("用户离开："))
{
Enumeration enums=peopleList.elements();
while(enums.hasMoreElements())
{try
{
Server_thread th=(Server_thread)enums.nextElement();
if(th!=this&&th.isAlive())
{
th.out.writeUTF("用户离线："+name);
}
}
catch(IOException eee)
{
}
}
peopleList.remove(name);
socketa.close();
System.out.println(name+"用户离开了：");
break;
}
else if(s.startsWith("私人聊天内容："))
{ String 悄悄话=s.substring(s.indexOf(":")+1,s.indexOf("#"));
String toPeople=s.substring(s.indexOf("#")+1);
Server_thread toThread=(Server_thread)peopleList.get(toPeople);
```

```
if(toThread!=null)
{
toThread.out.writeUTF("私人聊天内容："+悄悄话);
}
else
{
out.writeUTF("私人聊天内容："+toPeople+"已经离线");
}
}
}
catch(IOException ee)
{
Enumeration enums=peopleList.elements();
while(enums.hasMoreElements())
{
try
{
Server_thread th=(Server_thread)enums.nextElement();
if(th!=this&&th.isAlive())
{
 th.out.writeUTF("用户离线："+name);
}
}
catch(IOException eee)
{
}
}
peopleList.remove(name);
try
{
socketa.close();
            }
catch(IOException eee)
{
}
System.out.println(name+"用户离开了");
break;
}
}
}
}
```

7.5.2 客户端代码

```
//客户端程序代码：MyClientChat
import java.awt.*;
import java.io.*;
import java.net.*;
```

```
import   java.applet.*;
import java.util.Hashtable;
public class MyClientChat extends Applet implements Runnable
{
  Socket socket=null;          //客户端套接字对象
  DataInputStream in=null;     //读取服务器信息的输入流
  DataOutputStream out=null;    //向服务器发送信息的输出流
  InputNameTextField 用户提交昵称界面=null;      //用户提交昵称界面
  ChatArea 用户聊天界面=null;        //用户聊天界面
  Hashtable listTable;        //存放在线聊天者昵称的散列表
  Label 提示条;
  Panel north,center;
  Thread thread;                  //客户端启动的线程
  public void init()
  {
    this.setBackground(Color.pink);
    int width=getSize().width;                //获取当前容器 applet 的宽
    int height=getSize().height;              //获取当前容器 applet 的高
    listTable=new Hashtable();                //创建对象
    setLayout(new BorderLayout());            //设置布局
    用户提交昵称界面=new InputNameTextField(listTable);
    int h=用户提交昵称界面.getSize().height;
    用户聊天界面=new ChatArea("",listTable,width,height-(h+5));
    用户聊天界面.setVisible(false);             //设置用户聊天界面不可见
    提示条=new Label("正在连接到服务器，请稍等...");
    提示条.setForeground(Color.red);
    north=new Panel(new FlowLayout(FlowLayout.LEFT));
    center=new Panel();
    north.add(用户提交昵称界面);
    north.add(提示条);
    center.add(用户聊天界面);
    add(north,BorderLayout.NORTH);
    add(center,BorderLayout.CENTER);
    validate();                   //确认容器对它的组件进行布局
  }
  public void start()
  {
    if(socket!=null&&in!=null&&out!=null)                 //清除此前的套接字信息
    {
      try
      {
        socket.close();            //关闭套接字
        in.close();                //关闭输入流
        out.close();               //关闭输出流
        用户聊天界面.setVisible(false);              //关闭用户聊天界面
      }
      catch(Exception ee)
      {
```

```
        }
    }
    try
      {
          socket=new Socket(this.getCodeBase().getHost(),3333);        //监听端口 3333 获得服务器端的 IP 地址
          in=new DataInputStream(socket.getInputStream());              //获得输入流进行操作
          out=new DataOutputStream(socket.getOutputStream());           //获得输出流进行操作
      }
     catch(Exception ee)
      {
      提示条.setText("连接失败");
      }
     if(socket!=null)
      {
      InetAddress address=socket.getInetAddress();                 //获取服务器端地址
      提示条.setText("连接"+address+"成功");
      用户提交昵称界面.setSocketConnection(socket,in,out);
      north.validate();
      }
     if(thread==null)                //启动新线程
       {
           thread=new Thread(this);
           thread.start();                      //线程启动
       }
  }
   public void stop()
   {
      try
          {
            socket.close();
            thread=null;
          }
       catch(IOException e)
          {
            this.showStatus(e.toString());
          }
   }
   public void run()
   {
      while(thread!=null)
            {
                if(用户提交昵称界面.get 能否聊天()==true)
                    {
                        用户聊天界面.setVisible(true);      //显示用户聊天界面
                        用户聊天界面.setName(用户提交昵称界面.getName());
                        用户聊天界面.setSocketConnection(socket,in,out);
                        提示条.setText("祝您聊天愉快！");
                        center.validate();              //确认容器和它的所有自组件
```

```
                        break;
                    }
                try
                    {
                        Thread.sleep(100);
                    }
                    catch(Exception e)
                    {
                    }
                }
        }
}
```

设计一个简单的包含 Applet 标记的网页（MyClientChat.html），代码如下：

```
<html>
<body>
<applet code="MyClientChat.class" width=300 height=300>
</applet>
</body>
</html>
```

任务 6　程序的运行和发布

在完成了类的创建以及代码的编写后，就可以使用 Eclipse 集成开发环境来运行 MyChatServer.java，再运行 MyClientChat.java 了。如图 7-3 和图 7-4 所示，在 Eclipse 工程项目栏中，右击 MyChatServer.java 和 MyClientChat.java，在弹出的子菜单中选择“运行方式”→“Java 应用程序”命令。

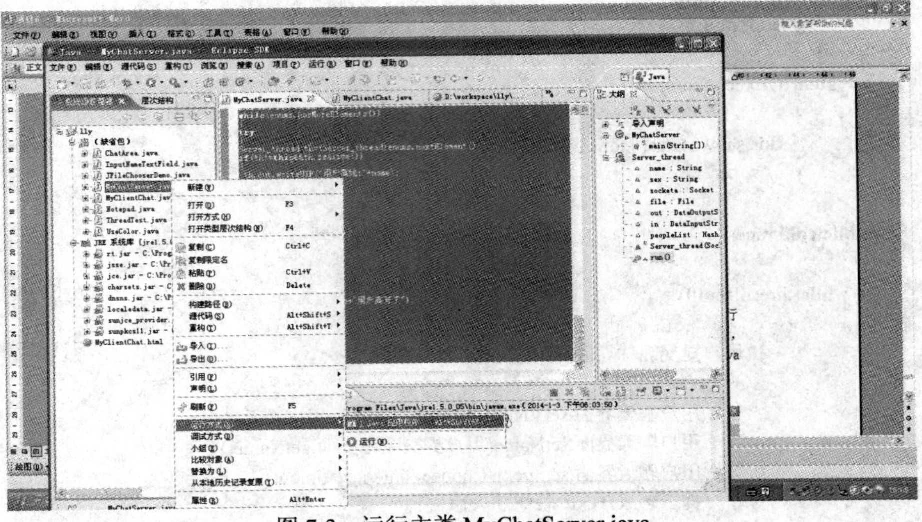

图 7-3　运行主类 MyChatServer.java

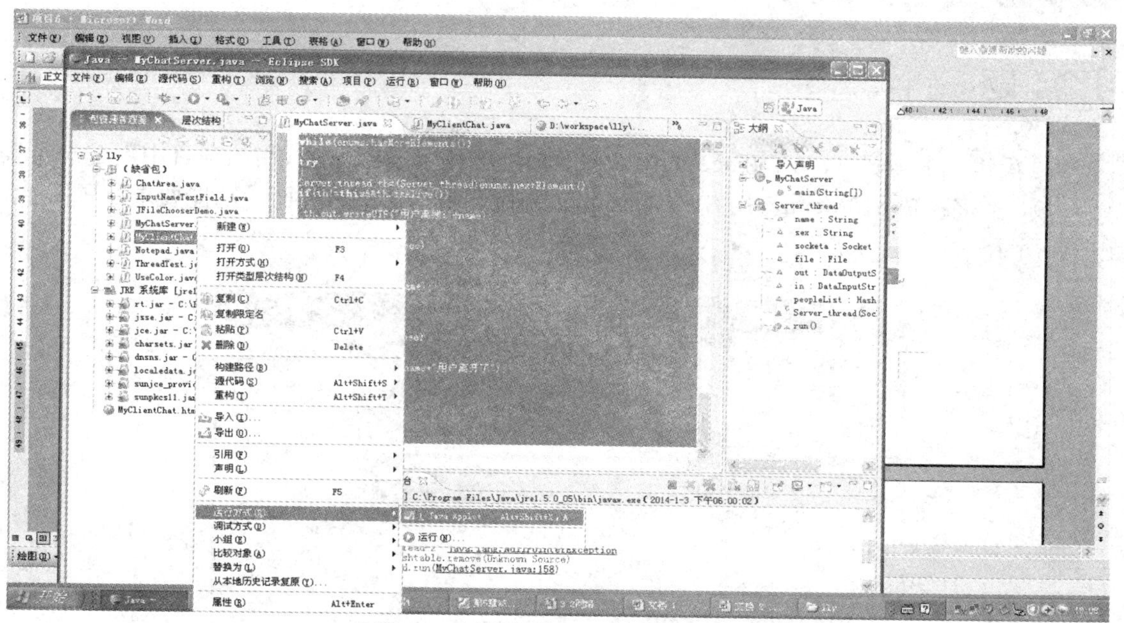

图 7-4　运行主类 MyClientChat.java

网络聊天室程序运行结果如图 7-5 所示。

图 7-5　程序运行结果

习　题

1．新建一个项目（SWT/JFace Java Project），项目名：Exp10，在该项目中新建一个类（shell），类名：Exp10Menu，用 SWT Designer 制作一个图形用户界面，功能要求如题图 1、题图 2 所示。

题图 1

题图 2

2．在项目 Exp10 中新建一个类（Application Window），类名：Exp10Log，界面如题图 3 所示。

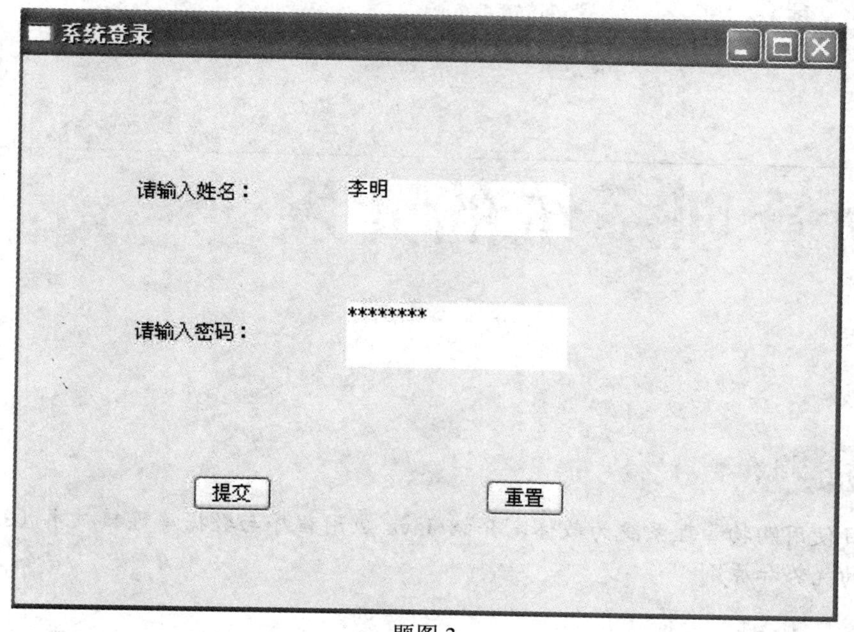

题图 3

3．试编写代码，实现以下功能：

单击“系统管理”→“系统登录”，弹出“系统登录”对话框，如题图 3 所示，在文本框中输入姓名和密码后，单击“提交”按钮，出现题图 4 所示信息提示对话框。单击“重置”按钮，则清空姓名和密码文本框。

题图 4

8

购物管理系统的开发

本项目使用购物管理系统为载体，介绍 Java 应用程序与数据库连接技术（JDBC），以及分层开发的优势和原则。

- 掌握分层开发的优势和原则
- 使用实体类传递数据
- 掌握数据访问层的职责

任务 1　系统分析与描述

随着人们生活水平的不断提高，对于物质的需求也越来越高，而超市作为日常生活用品聚集的场所，商品的数目不断增加，规模不断增大，其管理难度也相应的增加，而为了适应当今信息化发展的时代步伐，一套完整的购物管理系统显得尤为重要。

任务 2　理论指导

8.2.1　数据库连接

JDBC（Java Data Base Connectivity，Java 数据库连接）是一种用于执行SQL语句的 Java API，

可以为多种关系数据库提供统一访问，它由一组用 Java 语言编写的类和接口组成。JDBC 提供了一种基准，据此可以构建更高级的工具和接口，使数据库开发人员能够编写数据库应用程序，同时，JDBC 也是个商标名。

有了 JDBC，向各种关系数据发送 SQL 语句就是一件很容易的事。换言之，有了 JDBC API，就不必为访问Sybase数据库专门写一个程序，为访问Oracle数据库又专门写一个程序，或为访问 Informix 数据库又编写另一个程序等，程序员只需用 JDBC API 写一个程序就够了，它可向相应数据库发送 SQL 调用，将 Java 语言和 JDBC 结合起来使程序员只须写一遍程序就可以让它在任何平台上运行。

Java 数据库连接体系结构是用于 Java 应用程序连接数据库的标准方法。JDBC 对 Java 程序员而言是 API，对实现与数据库连接的服务提供商而言是接口模型。作为 API，JDBC 为程序开发提供标准的接口，并为数据库厂商及第三方中间件厂商实现与数据库的连接提供了标准方法。JDBC 使用已有的 SQL 标准并支持与其他数据库连接标准，如ODBC之间的桥接。JDBC 实现了所有这些面向标准的目标并且具有简单、严格类型定义且高性能实现的接口。

使用 JDBC 的纯 Java 方式建立数据库连接并关闭

```
import java.sql.Connection;
import java.sql.DriverManager;
import java.sql.SQLException;

import org.apache.log4j.Logger;

/**
 * 使用 JDBC 的纯 Java 方式建立数据库连接并关闭。
 */
public class TestJDBC1 {
	private static Logger logger = Logger.getLogger(Test1.class.getName());

	public static void main(String[] args) {
		Connection conn = null;
		// 1、加载驱动
		try {
			Class.forName("com.microsoft.sqlserver.jdbc.SQLServerDriver");
		} catch (ClassNotFoundException e) {
			logger.error(e);
		}
		// 2、建立连接
		try {
			conn = DriverManager.getConnection(
					"jdbc:sqlserver://localhost:1433;DatabaseName=shopping",
					"jbit", "bdqn");
			System.out.println("建立连接成功！");
		} catch (SQLException e) {
			logger.error(e);
```

```
                e.printStackTrace();
            } finally {
                // 3、关闭连接
                try {
                    if (null != conn) {
                        conn.close();
                        System.out.println("关闭连接成功！");
                    }
                } catch (SQLException e) {
                    logger.error(e);
                }
            }
        }
    }
```

8.2.2 简单查询

查询并显示“所有客户信息”的代码如下：

```
Connection con;
    Statement sql;
    ResultSet rs;
    System.out.println("*****************************");
    System.out.println("我行我素购物管理系统>客户信息管理>所有客户信息");
    System.out.println("会员号          生日          积分");
    System.out.println("-----|-----------|------");
    try {//建立桥接器
        Class.forName("sun.jdbc.odbc.JdbcOdbcDriver");
    } catch (ClassNotFoundException e) {
        System.out.print(e);
    }
    try {//与数据源建立连接        con=(Connection)DriverManager.getConnection("jdbc:odbc:star2","", "");
        sql = ((java.sql.Connection) con).createStatement();
        rs = sql.executeQuery("SELECT*FROM CustomerInformation"); //从数据表中进行查询命令
        while (rs.next()) {//将客户所有信息以特定的格式输出来
            int custNo = rs.getInt(1);
            String date = rs.getString("custBirth");
            long custScore = rs.getLong("custScore");
            System.out.printf("%-7s", custNo);
            System.out.printf("%-10s", date);
            System.out.printf("%6s\n", custScore);
        }
        con.close();
    }
    catch (SQLException e) {
        System.out.print(e);
    }
```

任务 3　系统的需求分析

8.3.1　系统需要解决的主要问题

（1）在设置购物页面的显示效果时，控制台上显示的编号、商品名称、单价和折扣总是不能与标题对齐，要使用“\t”来打印横向跳格，然后才能纠正过来。

（2）后台数据库中的数据类型与前台编制的代码设置的输入类型要一致。

（3）类的取名要做到见名知意。

（4）与数据库有关的代码有两种。查询数据用了一种，添加、修改等操作则用了另一种。前一种只需一个类，后一种使用了两个类来完成相关操作。

（5）对于直接关系到添加、修改、删除等操作的关键代码要多留心。

（6）当用户输入错误的信息时，需要弹出错误提示并请用户重新输入，比如什么时候弹出，如何调用类和方法，该使用何种循环等。

8.3.2　系统具备的基本功能

（1）用户首先要登录后才能进入系统，因此在登录页面需验证用户的用户名和登录密码。

（2）当用户登录后进入系统主页面，在系统主页面列出“1.客户信息管理”、“2.我要购物”、“3.真情回馈”等选项，用户选择不同的数字进入相应的页面。

（3）在客户信息管理页面设置“1.所有客户信息”、“2.添加客户信息”、“3.修改客户信息”、“4.查询客户信息”等选项以使管理员能有效且方便地管理整个客户信息系统。

（4）用 Office 办公软件中的 Access 建立客户信息数据库，以让功能（3）的操作顺利进行。

（5）在客户信息管理中，当管理员输入不同的数字后，返回不同的页面供管理员对客户信息进行增、删、改、查等操作。

（6）在系统主页面选择“2.我要购物”后，首先显示后台所建数据库的所有的商品信息。然后请顾客输入商品编号和对应编号的商品数量，并询问顾客是否继续购买，当用户选择“y”时继续重复前面的步骤，直到用户选择“n”时进入购物结算页面。

（7）在购物结算页面显示该用户的消费单，消费单包括商品名称、个数、折扣、金额、金额总计、实际交费、找钱和所获积分。

当用户在购物系统主页输入数字“3”时跳转到真情回馈页面，在真情回馈页面有“1.幸运抽奖”和“2.返回”两项，当用户输入数字“1”时进入幸运抽奖页面，然后询问用户“是否开始？”，当选择“y”后再请用户输入会员卡号和会员积分，后台判断积分在哪个范围，不同的范围返回不同的礼品，积分不够的不返回。

任务 4　详细设计与编码

```
package com.wxws.sms.management;

import com.wxws.sms.data.*;
import java.util.*;

public class StartSMS {
        /**
         * 我行我素购物管理系统的入口
         *
         */
        public static void main(String[] args){
            /*初始化商场的商品和客户信息*/
            Data initial = new Data();
            initial.ini();


            /*进入系统*/
            Menu menu = new Menu();
            menu.setData(initial.goods, initial.customers);
            menu.showLoginMenu();

            /*菜单选择*/
            boolean con = true;
            while(con){
              Scanner input = new Scanner(System.in);
              int choice = input.nextInt();
              VerifyEqual pv = new VerifyEqual();
              switch(choice){
                case 1:
                    /*密码验证*/
                    for(int i = 3; i>=1; i--){
                           if(pv.verify(initial.manager.username, initial.manager.password)){
                           menu.showMainMenu();
                           break;
                           }else if(i!=1){
                                  System.out.println("\n 用户名和密码不匹配，请重新输入："); //超过 3 次输入，退出
                           }else{
                                  System.out.println("\n 您没有权限进入系统！谢谢！");
                                  con = false;
                           }
                    }
                    break;
                    case 2:
```

```
                if(pv.verify(initial.manager.username, initial.manager.password)){
                    System.out.print("请输入新的用户名：");
                    String name = input.next();
                    System.out.print("请输入新的密码：");
                    String pwd = input.next();

                    System.out.print("请再次输入新的密码：");
                    String repwd = input.next();
                    if(pwd.equals(repwd)){
                        initial.manager.username = name;
                        initial.manager.password = pwd;
                        System.out.println("用户名和密码已更改！");
                    }
                    else{
                        System.out.println("两次密码不一致。");
                    }

                    System.out.println("\n 请选择，输入数字：");
                }else{
                    System.out.println("抱歉，你没有权限修改！");
                    con = false;
                }
                break;
                case    3:
                System.out.println("谢谢您的使用！");
                con = false;
                break;
            default:
                System.out.print("\n 输入有误！请重新选择，输入数字: ");
        }
        if(!con){
            break;
        }
    }

  }
}
package com.wxws.sms.management;

import java.util.Scanner;

import com.wxws.sms.data.Customer;
import com.wxws.sms.data.Goods;

public class CustManagement {
    /*  商品信息 */
    public Goods goods[] = new Goods[50];
    /*  会员信息 */
```

```
public Customer customers[] = new Customer[100];

/**
 * 传递数据库
 */
public void setData(Goods[] goods, Customer[] customers) { // 如果不使用 this，请把形参名改变即可
        this.goods = goods;
        this.customers = customers;
}

/**
 * 返回上一级菜单
 */
public void returnLastMenu() {
        System.out.print("\n\n 请按'n'返回上一级菜单:");
        Scanner input = new Scanner(System.in);
        boolean con = true;
        do {
                if (input.next().equals("n")) {
                        Menu menu = new Menu();
                        menu.setData(goods, customers);
                        menu.showCustMMenu();
                } else {
                        System.out.print("输入错误，请重新按'n'返回上一级菜单：");
                        con = false;
                }
        } while (!con);
}

/**
 * 循环增加会员：MY
 */
public void add() {
        System.out.println("我行我素购物管理系统 > 客户信息管理 > 添加客户信息\n\n");
        String con = "n";
        // 确定插入会员位置
        int index = -1;
        for (int i = 0; i < customers.length; i++) {
                if (customers[i].custNo == 0) {
                        index = i;
                        break;
                }
        }

        do { // 循环录入会员信息
                Scanner input = new Scanner(System.in);
                System.out.print("请输入会员号(<4 位整数>)：");
                int no = input.nextInt();
```

```
            System.out.print("请输入会员生日（月/日<用两位数表示>）：");
            String birth = input.next();
            System.out.print("请输入积分：");
            int score = input.nextInt();

            // 会员号无效则跳出
            if (no < 1000 || no > 9999) {
                System.out.println("客户号" + no + "是无效会员号！");
                System.out.println("录入信息失败\n");
                System.out.println("继续添加会员吗？（y/n）");
                con = input.next();
                continue;
            }
            // 添加会员

            customers[index].custNo = no;
            customers[index].custBirth = birth;
            customers[index++].custScore = score;
            System.out.println("新会员添加成功！");
            System.out.println("继续添加会员吗？（y/n）");
            con = input.next();
        } while ("y".equals(con) || "Y".equals(con));
        returnLastMenu();
    }

    /**
     * 更改客户信息
     */
    public void modify() {
        System.out.println("我行我素购物管理系统 > 客户信息管理 > 修改客户信息\n\n");
        System.out.print("请输入会员号：");
        Scanner input = new Scanner(System.in);
        int no = input.nextInt();
        System.out.println("  会员号          生日          积分      ");
        System.out.println("------------|------------|---------------");
        int index = -1;
        for (int i = 0; i < customers.length; i++) {
            if (customers[i].custNo == no) {
                System.out.println(customers[i].custNo + "\t\t"
                        + customers[i].custBirth + "\t\t"
                        + customers[i].custScore);
                index = i;
                break;
            }
        }

        if (index != -1) {
            while (true) {
```

```
                    System.out
                    .println("* * * * * * * * * * * * * * * * * * * * * * * * * * * * * * * * * * * * * * * *\n");
                    System.out.println("\t\t\t\t1.修 改 会 员 生 日.\n");
                    System.out.println("\t\t\t\t2.修 改 会 员 积 分.\n");
                    System.out
                    .println("* * * * * * * * * * * * * * * * * * * * * * * * * * * * * * * * * * * * * * * *\n");
                    System.out.print("请选择，输入数字：");
                    switch (input.nextInt()) {
                    case 1:
                        System.out.print("请输入修改后的生日：");
                        customers[index].custBirth = input.next();
                        System.out.println("生日信息已更改！");
                        break;
                    case 2:
                        System.out.print("请输入修改后的会员积分：");
                        customers[index].custScore = input.nextInt();
                        System.out.println("会员积分已更改！");
                        break;
                    }

                    System.out.println("是否修改其他属性(y/n):");
                    String flag = input.next();
                    ;
                    if ("n".equalsIgnoreCase(flag))
                        break;
                }
            } else {
                System.out.println("抱歉，没有你查询的会员。");
            }

            // 返回上一级菜单
            returnLastMenu();

        }

        /**
         * 查询客户的信息
         */
        public void search() {
            System.out.println("我行我素购物管理系统 > 客户信息管理 > 查询客户信息\n");
            String con = "y";
            Scanner input = new Scanner(System.in);
            while (con.equals("y")) {
                System.out.print("请输入会员号：");
                int no = input.nextInt();
                System.out.println("  会员号            生日              积分       ");
                System.out.println("------------|------------|---------------");
                boolean isAvailable = false;
```

```
            for (int i = 0; i < customers.length; i++) {
                if (customers[i].custNo == no) {
                    System.out.println(customers[i].custNo + "\t\t"
                            + customers[i].custBirth + "\t\t"
                            + customers[i].custScore);
                    isAvailable = true;
                    break;
                }
            }
            if (!isAvailable) {
                System.out.println("抱歉，没有你查询的会员信息。");
            }
            System.out.print("\n 要继续查询吗（y/n）:");
            con = input.next();
        }

        // 返回上一级菜单
        returnLastMenu();
    }

    /**
     * 显示所有的会员信息
     */
    public void show() {
        System.out.println("我行我素购物管理系统 > 客户信息管理 > 显示客户信息\n\n");
        System.out.println("  会员号          生日          积分      ");
        System.out.println("------------|------------|---------------");
        int length = customers.length;
        for (int i = 0; i < length; i++) {
            if (customers[i].custNo == 0) {
                break; //客户信息已经显示完毕
            }
            System.out.println(customers[i].custNo + "\t\t"
                    + customers[i].custBirth + "\t\t" + customers[i].custScore);
        }

        //返回上一级菜单
        returnLastMenu();
    }
    /**
     *
     * @param ageline
     */
    public void AgeRate(int ageline){
        int young = 0;      //记录年龄分界线以下顾客的人数
        int old = 0;        //记录年龄分界线以上顾客的人数
        int age = 0;        //保存顾客的年龄
        Scanner input = new Scanner(System.in);
```

```
            for(int i = 0; i < 10; i++){
                System.out.print("请输入第" +(i+1)+ "位顾客的年龄：");
                age = input.nextInt();
                if(age > 0 && age <= 30){
                    young++;
                }
            }
            System.out.println("30 岁以下的比例是：" + young/10.0*100 +"%");
            System.out.println("30 岁以上的比例是：" + (1-young/10.0)*100 +"%");
    }
}
package com.wxws.sms.management;

import java.util.Scanner;
import com.wxws.sms.data.*;

/**
 *真情回馈
 */
public class GiftManagement {
    /* 商品信息 */
    public Goods goods[] = new Goods[50];
    /* 会员信息 */
    public Customer customers[] = new Customer[100];

      /**
       * 传递数据库
       */
    public void setData(Goods[] goods,  Customer[] customers){ //如果不使用 this，请把形参名改变即可
            this.goods = goods;
            this.customers = customers;
    }

    /**
     * 返回上一级菜单
     */
      public void returnLastMenu(){
            System.out.print("\n\n 请按'n'返回上一级菜单:");
            Scanner input = new Scanner(System.in);
            boolean con = true;
            do{
              if(input.next().equals("n")){
                    Menu menu = new Menu();
                  menu.setData(goods,customers);
                  menu.showSendGMenu();
              }else{
              System.out.print("输入错误，请重新按'n'返回上一级菜单：");
```

```
                con = false;
            }
        }while(!con);
    }

  /**
   * 实现生日问候功能
   */
  public void sendBirthCust(){
        System.out.println("我行我素购物管理系统 > 生日问候\n\n");
        System.out.print("请输入今天的日期(月/日<用两位表示>)：");
        Scanner input = new Scanner(System.in);
        String date = input.next();
        System.out.println(date);
        String no = "";
        boolean isAvailable = false;
        for(int i = 0; i < customers.length; i++){
          if(customers[i].custBirth!=null && customers[i].custBirth.equals(date)){
              no = no + customers[i].custNo + "\n";
              isAvailable = true;
          }
    }
    if(isAvailable){
          System.out.println("过生日的会员是：");
          System.out.println(no);
        System.out.println("恭喜！获赠 MP3 一个！");
    }else{
          System.out.println("今天没有过生日的会员！");
    }

    //返回上一级菜单
    returnLastMenu();
  }

  /**
  *  产生幸运会员
  */
  public void   sendLuckyCust(){
      System.out.println("我行我素购物管理系统 > 幸运抽奖\n\n");
      System.out.print("是否开始（y/n）：");
      Scanner input = new Scanner(System.in);
      if(input.next().equals("y")){
            int random = (int)(Math.random()* 10);
            //System.out.println(random);
            int baiwei; //百位
            boolean isAvailable = false;
            String list = "";
        for(int i = 0; i< customers.length; i++){
```

```
            if(customers[i].custNo==0){
                break;
            }
            baiwei = customers[i].custNo / 100 % 10;
            if(baiwei == random){
                list = list + customers[i].custNo+ "\t";
                isAvailable = true;
            }
        }
        if(isAvailable){
            System.out.println("幸运客户获赠 MP3： " + list);
        }else{
            System.out.println("无幸运客户。");
        }
    }

    //返回上一级菜单
    returnLastMenu();
}
/**
 * 幸运大放送
 */
public void sendGoldenCust(){
    System.out.println("我行我素购物管理系统 > 幸运大放送\n\n");
    int index = 0;
    int max = customers[0].custScore;
    //假定积分各不相同
    for(int i = 0; i < customers.length; i++){
        if(customers[i].custScore == 0){
            break;    //数组后面为空用户
        }
        //求最高积分的客户
        if(customers[i].custScore    > max){
            max = customers[i].custScore ;
            index = i;
        }
    }
    System.out.println("具有最高积分的会员是：   " + customers[index].custNo + "\t" +
    customers[index].custBirth + "\t" + customers[index].custScore);
    //创建笔记本电脑对象
    Gift laptop = new Gift();
    laptop.name = "苹果笔记本电脑";
    laptop.price = 12000;
    System.out.print("恭喜！获赠礼品：  ");
    System.out.println(laptop);

    //返回上一级菜单
    returnLastMenu();
```

```
        }
}
package com.wxws.sms.management;

import java.util.Scanner;
import com.wxws.sms.data.*;

/**
  *Menu.java
  *菜单类
  */
public class Menu {

    /* 商品信息 */
      public Goods goods[] = new Goods[50];
      /* 会员信息 */
      public Customer customers[] = new Customer[100];

         /**
         * 传递数据库
         */
      public void setData(Goods[] goods,  Customer[] customers){ //如果不使用 this，请把形参名改变即可
              this.goods = goods;
              this.customers = customers;
      }

      /**
       * 显示我行我素购物管理系统的登录菜单
       */
      public void showLoginMenu() {
              System.out.println("\n\n\t\t\t      欢迎使用我行我素购物管理系统 1.0 版\n\n");
              System.out.println ("* * * * * * * * * * * * * * * * * * * * * * * * * * * * * * * * * * * * * * * * * *\n");
              System.out.println("\t\t\t\t 1. 登 录 系 统\n\n");
              System.out.println("\t\t\t\t 2. 更 改 管 理 员 密 码\n\n");
              System.out.println("\t\t\t\t 3. 退 出\n\n");
              System.out.println ("* * * * * * * * * * * * * * * * * * * * * * * * * * * * * * * * * * * * * * * * * *\n");
              System.out.print("请选择，输入数字：");
      }

      /**
       * 显示我行我素购物管理系统的主菜单
       */
      public void showMainMenu() {
              System.out.println("\n\n\t\t\t\t 欢迎使用我行我素购物管理系统\n");
              System.out.println("* * * * * * * * * * * * * * * * * * * * * * * * * * * * * * * * * * * * * * * * * *\n");
              System.out.println("\t\t\t\t 1. 客 户 信 息 管 理\n");
              System.out.println("\t\t\t\t 2. 购 物 结 算\n");
              System.out.println("\t\t\t\t 3. 真 情 回 馈\n");
              System.out.println("\t\t\t\t 4. 注 销\n");
```

```
        System.out.println("* * * * * * * * * * * * * * * * * * * * * * * * * * * * * * * * * * * * * * * * *\n");
        System.out.print("请选择，输入数字：");

        Scanner input = new Scanner(System.in);
        boolean con = false;
        do{
                String num = input.next();
                  if(num.equals("1")){
                   //显示客户信息管理菜单
                        showCustMMenu();
                        break;
                  }else if(num.equals("2")){
                   //显示购物结算菜单
                        Pay pay = new Pay();
                        pay.setData(goods,customers);
                        pay.calcPrice();
                        break;
                  }else if(num.equals("3")){
                   //显示真情回馈菜单
                        showSendGMenu();
                        break;
                  }else if(num.equals("4")){
                        showLoginMenu();
                        break;
                  }else{
                        System.out.print("输入错误，请重新输入数字：");
                        con = false;
                  }
        }while(!con);
    }

    /**
     * 客户信息管理菜单
     */

    public void showCustMMenu() {
        System.out.println("我行我素购物管理系统 > 客户信息管理\n");
        System.out.println("* * * * * * * * * * * * * * * * * * * * * * * * * * * * * * * * * * * * * * * * *\n");
        System.out.println("\t\t\t\t 1. 显 示 所 有 客 户 信 息\n");
        System.out.println("\t\t\t\t 2. 添 加 客 户 信 息\n");
        System.out.println("\t\t\t\t 3. 修 改 客 户 信 息\n");
        System.out.println("\t\t\t\t 4. 查 询 客 户 信 息\n");
        System.out.println("* * * * * * * * * * * * * * * * * * * * * * * * * * * * * * * * * * * * * * * * *\n");
        System.out.print("请选择，输入数字或按'n'返回上一级菜单：");
        Scanner input = new Scanner(System.in);

        boolean con = true;  //处理输入菜单号错误
      do{
```

```
            CustManagement cm = new CustManagement();
             cm.setData(goods,customers);
             String num = input.next();
             if(num.equals("1")){
                     cm.show();
                     break;
             }else if(num.equals("2")){
                     cm.add();
                     break;
             }else if(num.equals("3")){
                     cm.modify();
                     break;
             }else if(num.equals("4")){
                     cm.search();
                     break;

             }else if(num.equals("n")){
              showMainMenu();
             break;
             }else{
                 System.out.println("输入错误，请重新输入数字：");
                 con = false;
             }
        }while(!con);
    }

    /**
     * 显示我行我素购物管理系统的真情回馈菜单
     */
    public void showSendGMenu(){
            System.out.println("我行我素购物管理系统 > 真情回馈\n");
            System.out.println("* * * * * * * * * * * * * * * * * * * * * * * * * * * * * * * * * * * * * * * *\n");
            System.out.println("\t\t\t\t 1. 幸 运 大 放 送\n");
            System.out.println("\t\t\t\t 2. 幸 运 抽 奖\n");
            System.out.println("\t\t\t\t 3. 生 日 问 候\n");
            System.out.println("* * * * * * * * * * * * * * * * * * * * * * * * * * * * * * * * * * * * * * * *\n");
            System.out.print("请选择，输入数字或按'n'返回上一级菜单：");
            Scanner input = new Scanner(System.in);

            boolean con = true;   //处理输入菜单号错误
            GiftManagement gm = new GiftManagement();
            gm.setData(goods,customers);
               do{
                    String num = input.next();
                    if(num.equals("1")){
                     //幸运大放送
                            gm.sendGoldenCust();
                            break;
```

```
                }else if(num.equals("2")){
                //幸运抽奖
                        gm.sendLuckyCust();
                        break;
                }else if(num.equals("3")){
                //生日问候
                        gm.sendBirthCust();
                        break;
                }else if(num.equals("n")){
                showMainMenu();
                break;
                }else{
                    System.out.println("输入错误，请重新输入数字：");
                    con = false;
                }
            }while(!con);
    }
}
package com.wxws.sms.management;

import java.util.*;

import com.wxws.sms.data.Customer;
import com.wxws.sms.data.Goods;

public class Pay {
        /* 商品信息 */
        public Goods goods[] = new Goods[50];
        /* 会员信息 */
        public Customer customers[] = new Customer[100];

        /**
         * 传递数据库
         */
        public void setData(Goods[] goods, Customer[] customers) { //如果不使用 this，请把形参名改变即可
                this.goods = goods;
                this.customers = customers;
        }

        /**
         * 计算客户的折扣数目
         */
        public double getDiscount(int curCustNo, Customer[] customers) {
                double discount;
                int index = -1;
                for (int i = 0; i < customers.length; i++) {
                        if (curCustNo == customers[i].custNo) {
                                index = i;
```

```
                break;
            }
        }

        if (index == -1) {//如果会员号不存在
            discount = -1;

        } else {

            //判断折扣
            int curscore = customers[index].custScore;
            if (curscore < 1000) {
                discount = 0.95;
            } else if (1000 <= curscore && curscore < 2000) {
                discount = 0.9;
            } else if (2000 <= curscore && curscore < 3000) {
                discount = 0.85;
            } else if (3000 <= curscore && curscore < 4000) {
                discount = 0.8;
            } else if (4000 <= curscore && curscore < 6000) {
                discount = 0.75;
            } else if (6000 <= curscore && curscore < 8000) {
                discount = 0.7;
            } else {
                discount = 0.6;
            }
        }
        return discount;

    }

    /*
     *    实现购物结算以及输出购物小票
     */
    public void calcPrice() {
        int curCustNo; //客户号
        int goodsNo = 0; //商品编号
        double price; //商品价格
        String name;
        int count; //购入数量
        String choice;
        String goodsList = ""; //购物清单
        double total = 0; //购物总金额
        double finalPay = 0; //打折后需付款
        double payment; //实际交费金额

        System.out.println("我行我素购物管理系统 > 购物结算\n\n");
```

```
// 打印产品清单
System.out.println("*************************************");
System.out.println("请选择购买的商品编号：");
for (int i = 0, p = 0; i < goods.length && null != goods[i].goodsName; i++) {
        p++;
        System.out.println(p + ": " + goods[i].goodsName + "\t");
}
System.out.println("*************************************\n");

/* 进行购入结算系统 */
Scanner input = new Scanner(System.in);
System.out.print("\t 请输入会员号：");
curCustNo = input.nextInt();
double discount = getDiscount(curCustNo, customers);
if (discount == -1) {
        System.out.println("会员号输入错误。");
} else {

        do {
                System.out.print("\t 请输入商品编号："); // 数组下标+1 即产品编号
                goodsNo = input.nextInt();
                System.out.print("\t 请输入数目：");
                count = input.nextInt();

                //查询单价
                price = goods[goodsNo - 1].goodsPrice;
                name = goods[goodsNo - 1].goodsName;
                total = total + price * count;

                //连接购物清单
                goodsList = goodsList + "\n" + name + "\t" + "￥" + price
                                + "\t\t" + count + "\t\t" + "￥" + (price * count)
                                + "\t";

                System.out.print("\t 是否继续（y/n）");
                choice = input.next();
        } while (choice.equals("y"));

        //计算消费总金额
        finalPay = total * discount;

        //打印消费清单
        System.out.println("\n");
        System.out.println("*****************消费清单*********************");
        System.out.println("物品\t\t" + "单价\t\t" + "个数\t\t" + "金额\t");
        System.out.print(goodsList);
        System.out.println("\n 折扣：\t" + discount);
        System.out.println("金额总计：\t" + "￥" + finalPay);
```

```
                System.out.print("实际交费:\t￥");
                payment = input.nextDouble();
                System.out.println("找钱：\t" + "￥" + (payment - finalPay));

                //计算获得的积分：
                int score = (int) finalPay / 100 * 3;

                //更改会员积分
                for (int i = 0; i < customers.length; i++) {
                    if (customers[i].custNo == curCustNo) {
                        customers[i].custScore = customers[i].custScore + score;
                        System.out.println("本次购物所获的积分是：  " + score);
                        break;
                    }
                }
            }
            //返回上一级菜单
            System.out.print("\n 请按'n'返回上一级菜单:");
            if (input.next().equals("n")) {
                Menu menu = new Menu();
                menu.setData(goods, customers);
                menu.showMainMenu();
            }

        }

}
package com.wxws.sms.management;
import java.util.*;
public class VerifyEqual {
    /**
     * 验证管理员的用户名和密码是否相等
     */
public boolean verify(String username, String password){
        System.out.print("请输入用户名：");
        Scanner input = new Scanner(System.in);
        String name = input.next();
        System.out.print("请输入密码：");
        input = new Scanner(System.in);
        String psw = input.next();
        if(name.equals(username) && password.equals(psw)){
            return true;
        }else{
            return false;
        }
    }
}
```

任务 5　系统运行与发布

系统运行界面如图 8-1 至图 8-4 所示。

```
请输入用户名：huan
请输入密码：0
赤喜你! huan，登录成功!
确定要进入"我行我素购物管理系统"吗? (y/n)
你输入的是：y

                欢迎使用我行我素购物管理系统
* * * * * * * * * * * * * * * * * * * * * * * * * * * *
        1.客户信息管理
        2.我要购物
        3.真情回馈
        4.重新登录
        5.退出系统
* * * * * * * * * * * * * * * * * * * * * * * * * * * *
请选择输入数字：1
* * * * * * * * * * * * * * * * * * * * * * * * * * * *
我行我素管理系统>客户信息管理
        1.所有客户信息
        2.添加客户信息
        3.修改客户信息
        4.查询客户信息
        5.删除客户信息
        6.返回
* * * * * * * * * * * * * * * * * * * * * * * * * * * *
```

图 8-1　从登录页面跳转到系统管理页面

```
请选择输入数字：1
* * * * * * * * * * * * * * * * * * * * * *
我行我素购物管理系统>客户信息管理>所有客户信息
会员号        生日         积分
-----|-----------|------
1       07/01        1324
2       08/01        2000
3       06/01        3000
4       05/01        4000
5       04/01        5000
6       03/01        6000
7       02/01        7000
* * * * * * * * * * * * * * * * * * * * * *
```

图 8-2　显示所有客户信息

```
我行我素购物管理系统>客户信息管理>添加客户信息
请输入会员号(整数)：8
请输入会员生日（月/日<用两位数表示>）：12/12
请输入积分：2800
添加用户成功!
已录入的会员信息是：
8        12/12    2800
添加新会员成功!
你要继续吗？（y/n）
你选择的是：n
```

图 8-3　向客户信息表中插入客户信息

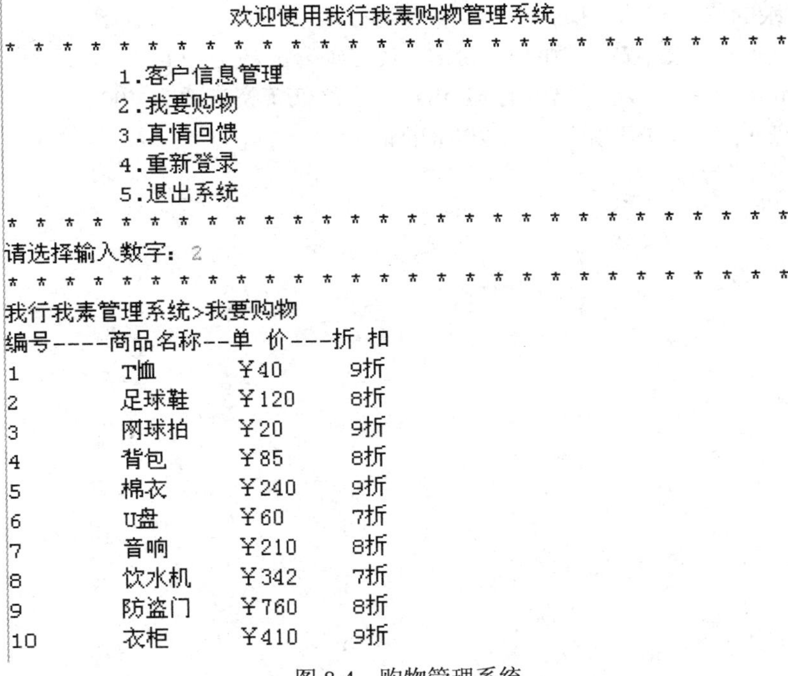

```
                    欢迎使用我行我素购物管理系统
* * * * * * * * * * * * * * * * * * * * * * * * * * * *
        1.客户信息管理
        2.我要购物
        3.真情回馈
        4.重新登录
        5.退出系统
* * * * * * * * * * * * * * * * * * * * * * * * * * * *
请选择输入数字：2
* * * * * * * * * * * * * * * * * * * * * * * * * * * *
我行我素管理系统>我要购物
编号----商品名称--单 价---折 扣
1       T恤      ￥40     9折
2       足球鞋    ￥120    8折
3       网球拍    ￥20     9折
4       背包      ￥85     8折
5       棉衣      ￥240    9折
6       U盘      ￥60     7折
7       音响      ￥210    8折
8       饮水机    ￥342    7折
9       防盗门    ￥760    8折
10      衣柜      ￥410    9折
```

图 8-4　购物管理系统

习　题

1．编写、运行与发布购物管理系统。

2．在 Oracle 中建立数据库 mydatabase，并在其中建立数据表 employee，表结构如题表 1 所示。

题表 1　employee 表结构

字段名	字段类型	字段宽度	小数位数	字段约束	默认值
EmpNo	int	4		主键	
EmpName	char	10		非空	
Salary	float	8	2		0
MinSalary	float	8	2		300.00

3．在数据表 employee 中插入记录，并用 select 语句完成以下操作：

（1）显示 employee 表中的所有记录。

（2）显示 employee 表中 Salary（工资）小于或等于 1500 元的记录。

（3）显示 EmpName（员工姓名）和 Salary（工资），并按工资字段降序排列。

4．数据记录的修改与删除操作。

（1）把 employee 表中黄英勇的 EmpNo（员工编号）改为 3002。

（2）把 employee 表中所有记录的 MinSalary（最低工资）改为 400。

（3）删除 EmpNo（员工编号）为 2001 的记录。